아이의 속마음이
한눈에 보이는
마법의 카드

하라 준이치로 지음 | 권혜미 옮김

아이의 속마음이
한눈에 보이는
마법의 카드

하루 5분! 집에서 하는 아동심리상담

책/이/있/는/풍/경

　안녕하세요? 나는 멘탈 코치 하라 준이치로입니다. 나는 지금까지 '어린이 마음 전문가'로 활동하면서 부모 상담을 비롯해 1,000명이 넘는 아이들의 꿈과 미래를 함께 고민하고 해결해 왔습니다.

　'아이는 부모의 마음을 알지 못한다'는 말이 있지만, 부모 또한 아이의 마음을 알지 못한다고 나는 생각합니다. 그래서 이 책을 꼭 쓰고 싶었습니다.

　피트인 카드. 처음 들어보는 말일지도 모르지만, 이 카드를 한마디로 정의하면 '아이의 마음이 한눈에 보이는, 아이의 고민이 순식간에 해결되는' 마법의 카드입니다.

　피트인 카드는 '어린이 마음 전문가'인 내가 매일 코칭 현장에서 사용하는 카드입니다. 또한 '집이나 학교에서도 손쉽게 사용할 수 있도록' 개발한 카드이기도 합니다.

맞벌이 가족이 늘어난 현대사회는 그만큼 자녀와 대화 시간이 부족한 것이 사실입니다. 따라서 부모는 단번에 자녀의 기분을 파악하고 고민을 해결해 줘야 합니다. 즉 현대사회는 양이 아닌 질 높은 의사소통이 필요한 시대라고 할 수 있습니다.

피트인 카드를 사용하면 자녀와 나누는 대화가 놀라울 정도로 활기를 띠게 됩니다.

"아이의 속마음을 알 수 있게 됐어요."

"전에는 아이의 고민을 해결하는 데 많은 시간이 필요했지만, 피트인 카드를 사용하고부터 그 시간이 거짓말처럼 단축됐습니다."

이것은 실제로 피트인 카드를 사용한 가족들이 보낸 찬사의 말입니다.

특히 많은 아이들 중에서도 자신의 기분을 말로 잘 표현하지 않았던 아이들이 피트인 카드를 더욱더 즐겁게 사용했습니다.

이 밖에도 학교에서 빈번하게 일어나는 문제, 생활습관이나 공부습관, 목표설정 등 문제 해결에 다소 시간이 걸렸던 부분들도 피트인 카드를 사용하자 단시간에 해결되었습니다.

그런 일이 어떻게 가능했을까요? 그 이유는 1,000명이 넘는 아이들의 마음에 귀 기울였기 때문입니다. 다시 말해 피트인 카드는 아이들과 함께 개발한 카드입니다.

마법의 피트인 카드가 도대체 어떤 효과가 있을까요? 실제로 이 카드를 사용한 사람들의 이야기를 소개해 보겠습니다.

마법의 피트인 카드를 사용한 사람들의 목소리

부모

● 우리 집 장남은 학교에서 무엇을 했는지 물어도 "뭐, 아무것도."라고만 대답했었는데, 피트인 카드를 사용하자 "오늘 체육 시간에 축구를 했는데 내가 골을 넣었어!" "오늘 급식 진짜 맛있었어."라며 이야기를 많이 하기 시작했어요. 피트인 카드의 마법 같은 효과에 솔직히 놀랐습니다.　　　10세 남아 엄마

● 평소에 많이 다투는 자매인데, 엄마와 언니가 피트인 카드로 대화를 나누자 동생이 그 방법을 따라 하면서 언니와 싸우지 않고 즐겁게 대화하더라고요. 그 모습을 보고 저절로 흐뭇한 미소가 나왔습니다.　　　6세, 9세 자매 엄마

● "학교? 뭐…… 재밌었어."라고만 대답하던 아들이 학교생활을 이야기하면서 문제점과 해결방법을 스스로 찾기 시작했습니다.　　　10세 남아 아빠

● 아이가 직접 상자에서 카드를 꺼내어 자신의 감정을 보여주기 시작했어요. 우리 집에서 피트인 카드는 감정을 보여주는 공

통 언어가 되었습니다.

● 감정이 격해지면 울면서 떼쓰던 아들이 피트인 카드를 사용하자 조금씩 감정을 말로 표현하기 시작했습니다. 부모도 자녀의 마음을 알아야 문제를 해결해 줄 수 있다고 생각합니다. 그래서 저희 가족은 이제 더 이상 얼굴을 찌푸리는 일이 없어졌습니다.

● 피트인 카드는 딸과 나의 수호천사입니다! 딸은 새로운 학교로 전학 간 지 1주일밖에 되지 않았습니다. 학교에서 돌아올 때는 웃는 얼굴로 오지만, 아직 적응하지 못했는지 아침에는 학교에 가기를 싫어했습니다. 그런데 "집에 오면 피트인 카드로 대화하자."라고 말했더니 딸은 상당히 좋아하면서 고개를 끄덕였습니다. 그날부터 거실 테이블에 카드를 펼쳐놓고 시간 가는 줄 모르고 서로 카드로 대화하고 있습니다.

● 최근 학교 선생님이 아들의 학교생활을 걱정해 주셔서 주의 깊게 봤더니, 역시 어떤 문제가 있는 것 같았습니다. 그래서 학교에서 무슨 일이 있었는지 직접적으로 물어봤는데 "아무 일도 없어! 재미있어!"라고만 말할 뿐 속마음을 말해주지 않았습니다. 아들의 속마음을 꼭 알아야 했기 때문에 이때다 싶어 피트인 카드를 꺼내어 도라에몽 목소리를 흉내 내면서 대화를 시도

했더니 재밌었는지 잘 참여해 주었습니다. 아들은 사람들과 대화할 때 말이 잘 나오지 않아 속상했다고 했습니다. 그래서 "엄마도 그럴 때 있었어."라고 말해주니 울면서 제 이야기를 들어줬습니다. 엄마도 그렇다는 말에 안심한 것 같았습니다. 이 일을 계기로 저녁이 되면 피트인 카드를 꺼내어 즐겁게 대화하는 시간을 갖기 시작했습니다. 아들도 나에게 카드로 질문하기 때문에 나도 내 기분을 숨기지 않고 이야기할 수 있게 되었습니다.

8세 남아 엄마

자녀

● 피트인 카드를 사용하면서 내 생각을 쉽게 말할 수 있게 됐어요.

9세 남아

● 학교에 카드를 가지고 갔더니 친구들이 나에게 속마음을 말하기 시작했어요. 친구들에게 도움을 줄 수 있어서 학교생활이 재밌어졌어요!

10세 여아

이처럼 많은 부모와 아이들이 피트인 카드를 칭찬해 주었습니다. 부모나 친구는 물론이고 가족 전체 또는 할아버지, 할머니 등 3대가 모여 대화할 때도 유용하게 쓰인다는 점이 피트인 카드의 매력입니다.

그러면 이제부터 마법의 피트인 카드에 대해 자세히 설명하겠습니다.

카레이싱에서 '피트 인(자동차에 연료를 보급하거나 정비하는 일)' 하는 것처럼, 자녀와 대화를 나눌 때에도 마음에 힘을 충전하는 뜻 깊은 시간이 되었으면 합니다.

하라 준이치로

차
례

시작하며   4

PART 01 자녀의 능력이 샘솟는다! 코칭의 마법

매일 똑같은 대화에 부모도 자녀도 지쳤다면   19

'단점 찾기'에서 '장점 찾기'로   21

스트레스 없이 대화하는 방법   25

아이들에게 필요한 것은 자극이 아닌 동기부여   28

자립심을 키워주면 행복도가 올라간다   31

온 가족이 행복해지는 샴페인 타워의 법칙   34

'보호자'에서 '응원자'로   36

오늘부터는 내가 코치   38

COLUMN 1

'칭찬'도 '훈육'도 의욕을 불러오지 않는다?!   40

PART 02
자녀의 마음이 한눈에 보인다!
피트인 카드 사용법

HOW TO 마법의 피트인 카드란?   45

HOW TO 피트인 카드의 효과를 높이는 포인트   49

HOW TO 피트인 카드를 직접 사용해 보자!   52

(COLUMN 2)

아이들은 카드를 좋아한다!   54

PART
03
자녀와 대화하고 싶다!
테마별 피트인 카드 실천편

자녀의 마음을 열고 싶을 때

1 학교에서 있었던 일을 듣고 싶을 때   59

2 기분을 좀처럼 말하지 않을 때   63

3 눈에 보이는 거짓말을 할 때   67

4 학교를 싫어하는 것 같을 때   71

공부습관·생활태도를 바꿔주고 싶을 때

1 공부습관을 만들어주고 싶을 때   79

2 매일 늦잠을 잘 때   84

3 준비물을 자주 깜박할 때   89

좋은 인간관계를 만들어주고 싶을 때

1 친구와 싸웠을 때   94

2 학교에서 친구를 사귀지 못할 때   99

3 형제끼리 싸움이 끊이지 않을 때   104

4 따돌림을 당하고 있는 것 같을 때   109

5 도무지 부모 말을 듣지 않을 때   116

자신감과 자기긍정을 키워주고 싶을 때

1 실패가 두려워서 도전하지 않을 때   121

2 '아무거나'가 입버릇일 때   125

3 '아무 일 없어'라고만 말할 때   130

4 모든 일을 귀찮아할 때   135

꿈에 대해 이야기하고 싶을 때

1 자녀의 꿈을 물어보고 싶을 때   140

2 꿈을 물어보는 것을 싫어할 때   145

피트인 카드를 즐기는 방법   150

맺으며   156

부록

잘라서 사용하는 피트인 카드

자녀의 능력이 샘솟는다! 코칭의 마법

소중한 내 아이를 제대로 키우기 위해서
부모는 보호자가 아닌 응원자가 되어야
한다. 응원자가 되면 자녀와 보내는 시간
이 보다 즐겁고 긍정적으로 바뀔 것이다.

매일 똑같은 대화에
부모도 자녀도 지쳤다면

엄마: 숙제했어?

아들: 아직.

엄마: 왜 아직이야? 학교 갔다 오면 숙제부터 해야지.

아들: 지금 하려고 했어. 엄마, 잔소리 좀 그만 해!

우리는 매일 자녀와 이런 대화를 반복하면서 스트레스를 받고 있을지도 모른다.

아이의 태도에 화가 나지만 한편으로는 "자상한 엄마가 되어야 하는데……." 하며 잔소리만 하는 자신이 싫어질 때도 있을 것이다. 특히 책임감이 강한 부모일수록 이런 패턴에 빠지기 쉽다.

그렇다면 이렇게 무서운 부모가 되는 이유는 무엇일까? 그것은 자녀를 올바른 길로 인도하려는 애정 때문일 것이다. 부모는 자녀를 '보물'로 여긴다. 좋은 것만 보여주고 싶어 하고, 눈에 넣어도 아프지 않다고 생각한다.

그러나 앞에서 보여준 잔소리 같은 대화가 반복되면 부모도 자녀도 스트레스를 받게 된다. 하지만 매일 반복되는 똑같은 대화 패턴에서 벗어나기란 결코 쉽지 않다.

이때 자녀와 나누는 대화 수단(아이의 마음을 파악하고, 의욕을 불러일으키는 수단)으로 사용되는 것이 바로 피트인 카드다.

바쁜 일상 탓에 대화할 시간이 부족한 가족도 피트인 카드를 사용하면 단 '5분' 만에 서로의 마음을 확인할 수 있다.

이렇게 마법 같은 피트인 카드를 지금 당장 사용해도 좋지만, 그전에 자녀와 대화할 때 꼭 마음에 새겨둬야 할 대화 방법이 있다.

그 방법을 알아두면 자녀를 바라보는 시선이나 말투가 바뀌어 대화할 때 스트레스가 줄어들 것이다. 대화 스트레스에서 벗어난 후에 피트인 카드를 사용하면 그 효과는 몇 배나 높아진다.

그러면 지금부터 그 대화 방법을 소개하겠다.

'단점 찾기'에서
'장점 찾기'로

갑작스러운 제안일 수도 있겠지만, 우리 아이가 태어난 순간을 한번 떠올려 보자.

건강하게 태어난 내 아기를 가슴에 안은 그 순간. 그때는 아기가 건강하게 자라기만을, 밝은 아이로 자라기만을 바랐을 것이다. 아이의 자는 모습만 봐도 가슴이 벅차고 "오늘은 뒤집기를 했다!" "걸음마를 했다!" 하며 기뻐했을 것이다. 이처럼 우리는 아이의 작은 행동을 보면서 성장을 느끼고, 미소를 지었다.

그러나 아이가 자라 스스로 할 수 있는 일이 늘어나고, 학교에서 보내는 시간이 길어질수록 아이의 사소한 변화나 성장은 더 이상 보이지 않게 된다. 그러면 반대로 아이의 단점이나 부족한 점에만 눈이 가고, 실망하는 일이 늘어난다. 그리고 부모는 마음속에 '100점짜리 아이'를 만들어놓은 후 우리 아이의 단점에만 더욱더 집중하기 시작한다.

'마이너스 시각'은 이런 식으로 만들어진다.

아이의 단점만을 찾는 '마이너스 시각'에 빠지면 어떤 일이 일어날까?

놀랍게도 아이의 단점이 점점 늘어날 것이다!

심리학에는 '원인론'과 '목적론'이 있다. 원인론이란, 간단하게 말하면 '잘못된 점을 발견한 후에 개선'하는 것이다. 이를테면 휴대폰이 고장 나 작동이 되지 않는다고 해보자. 어디가 고장 났는지 그 원인을 찬찬히 찾아낸 후에 고장 난 부분을 고치는 것이 '원인론'의 개념이다.

원인을 찾아내는 이 방식을 기계에 적용하면 문제가 개선될 것이다. 그러나 사람에게는 원인론을 적용해서는 안 된다. 사람에게 원인론을 적용하면 문제는 오히려 더욱더 커진다.

A라는 초등학생 남자아이가 있다. A에게는 수많은 장점이 있지만 커다란 단점도 하나 있는데, 그것은 바로 '고집'이었다. 그 단점에 대해 원인론으로 접근하면, 곧바로 A의 '고집 찾기'가 시작된다. 고집 부리는 상황이 조금이라도 발견되면 곧바로 지적이 날아갈 것이다.

"오늘도 고집 부리고, 어제도 고집 부렸잖아? 당장 그 성격을 고쳐야 해!"

이렇게 단점만 지적하게 되면 어떻게 될까? 고집을 부리는 부분이 고쳐질까?

그렇지 않다. 고집을 부리는 것이 없어지기는커녕 오히려 늘어나게 된다.

사람은 관심을 바라는 동물이다.
따라서 결점에 주목하면 그 결점은 증폭된다!

나는 알프레트 아들러라는 심리학자가 주장한 '아들러 심리학'을 기반으로 부모와 아이들을 코칭한다.

아들러 박사는 이렇게 말했다.

"사람은 선한 행동으로 주목받지 못하면 악한 행동으로 주목받으려 한다."

사람은 의식적으로든 무의식적으로든 관심받고 싶어 하는 동물이다. 좋은 행동을 했는데도 부모가 칭찬해 주지 않으면 아이는 나쁜 행동으로 부모의 주목을 끌려고 한다.

A는 고집에 대해 주목을 받았기 때문에 "내가 고집을 부려야 엄마가 나를 본다." 하고 인식했을 것이다. 그래서 관심을 받기 위해 무의식적으로 무작정 고집을 부리게 되는 것이다.

원인론과 달리 목적론에는 '원인'을 추구하는 사고가 없다. "내가 정말 원하는 게 무엇일까?"라는 목적을 추구하는 사고만 있을 뿐이다.

만약 자녀의 고집 부리는 행동을 고쳐주고 싶다면 우선은 고집의 반대되는 것(아이가 어떻게 했으면 하는지)이 무엇인지 찾아야 한다. 이를테면 고집의 반대가 '양보'라면 아이가 고집 부릴 때는 그 행동을 무시하고(지적도 하지 말고) 양보했을 때만 주목해야 한다.

"우리 아이는 도통 양보라는 걸 몰라." 이렇게 생각하는 부모도 있겠지만, 그것은 아이가 양보하는 모습을 보지 않으려고 했기 때문일지도 모른다. 어떤 아이라도 하루 24시간, 365일을 매일 고집 부리기는 어렵다. 사소한 양보라도 반드시 하게 되어 있다. 그러니 이제부터는 아이가 양보하는 모습에 주목해 보자.

아이가 좋은 행동을 했을 때 부모나 어른이 그 행동에 집중해 주면 아이는 좋은 행동을 더욱더 늘리려고 노력할 것이다. 그러면 아이는 더 이상 고집을 부리지 않게 된다.

중요한 것은 부모나 어른이 아이의 어떤 모습에 주목하는가다. 못하는 것을 찾는 '단점 찾기'에서 잘하는 것을 찾는 '장점 찾기'로 시각을 바꾸면 아이는 점점 자신의 장점을 늘려간다.

스트레스 없이
대화하는 방법

만약 상대방이 태도를 바꾸고 '상냥한 말투'로 말을 건다면 어떻게 될까? 그 사람과 나누는 대화가 놀라울 정도로 즐거워질 것이다.

그 '상냥한 말투'란 나를 주어로 한 '나 메시지'를 의미한다. '나 메시지'로 말을 하면 상대방의 반발심이 줄어들어 내 마음을 제대로 전달할 수 있게 된다. 그러면 말할 것도 없이 대화할 때 받는 스트레스는 줄어들게 될 것이다.

'나 메시지'의 반대는 '너 메시지'다. 아이가 거짓말을 하면 화가 나서 "너 왜 거짓말해!"라고 말하기 쉽지만, 그렇게 하면 아이는 입을 다물어버리거나 머뭇거리며 변명을 시작하게 된다.

'너 메시지'란 상대방을 평가하고 비판하고 분석하는 메시지다. 어떤 일이 있을 때 상대방이 강하게 나오면 더 이상 말하고 싶지 않아 입을 다물어버리고, 비난받으면 변명을 늘어놓게 되는 것이 사람의 심리다.

이것은 나쁜 행동뿐만 아니라 좋은 행동을 말할 때도 마찬가지다.

우리는 무언가를 칭찬해 주기 위해 "대단해!"라고 말할 때가 종종 있다. 그러나 사실 이것도 '너 메시지'다.

상사가 부하에게 "대단해!"라고 말할 수는 있어도 부하가 상사에게 "부장님, 아침 일찍부터 열심히 일하시네요. 대단해요!"라고는 말할 수 없다. 이러한 '너 메시지'는 상하관계에서 세심하게 주의하지 않으면 관계에 금이 갈 수도 있다.

'너 메시지'는 그만큼 위험한 말투다.

그 점에서 보면 '나 메시지'는 입장에 관계없이 쓸 수 있다. "부장님이 아침 일찍부터 열심히 일하시니까 저도 힘이 나요!"라고 말하면 상대방은 반발심이 생기지 않을 것이다.

'나 메시지'의 기본적인 형태는 아래와 같다.

◆ 칭찬하고 싶을 때 [그 사람의 행동+내 기분]
예) ○○가 동생을 보살펴 줘서 엄마 기분이 정말 좋은데! 고마워.

◆ 행동을 고쳐주고 싶을 때 [그 사람의 행동+내 기분+요구사항]
예) ○○가 거짓말해서 엄마는 정말 속상했어. 사실대로 말해줬다면 엄마는 속상하지 않았을 거야. 다음부터는 사실대로 말해줄래?

이렇듯 주어를 '너'에서 '나'로 바꾸기만 해도 상대방의 반발심은 줄어든다.

아이들에게 필요한 것은
자극이 아닌 동기부여

아이가 공부하고 싶지 않다며 게임만 한다. 학원도 재미없다며 가지 않는다.

이처럼 자녀가 의욕을 잃고 멈춰 설 때가 있을 것이다.

이럴 때 무조건 "공부해!" "학원 안 가!"라고 야단치면 반발심만 생길 뿐 자녀의 의욕은 더욱더 떨어질 것이다. "공부하면(학원 가면) 장난감 사줄게."라고 말한다면 어떨까? 그러면 일시적으로 의욕이 올라갈지도 모르지만, 그 의욕이 오래 지속되지는 않을 것이다.

의욕에는 두 가지 종류가 있다.

첫 번째는 '자극 의욕'이다. 운동선수가 시합 전에 "좋아! 한번 해보자!" 하며 기합을 넣는 강도 높은 의욕이 바로 '자극 의욕'이다. 이러한 의욕의 특징은 순간적으로 확 올라가지만 단기적이라는 것이다. 한번 의욕이 불타오를 수는 있지만 그 상태를 유지하기란 쉽지 않다.

두 번째는 '동기부여 의욕'이다. 사람은 누구나 자신의 꿈을 생각하면 가슴이 두근거린다. '동기부여 의욕'이란 이렇게 가슴이 두근거리는 기분을 말한다. 이러한 의욕은 장기적이고 지속적이다. 작지만 절대 꺼지지 않는 촛불이 마음속에 있는 것과 같다.

자극은 밀어붙이는 것이지만 동기는 끌어올리는 것이다. 따라서 두근거림을 한번 맛보여 주면 의욕은 저절로 올라간다.

공부할 의욕이 나지 않는다며 나를 찾아온 K라는 여학생이 있었다. 그때 나는 K에게 공부가 아닌 '꿈'에 대해 먼저 물어봤다.

"저는 잡화점 주인이 되고 싶어요."

K는 반짝이는 눈으로 말했다.

"어떤 잡화점의 주인이 되고 싶니?"라고 내가 묻자, K는 "예쁜 수입 잡화점의 주인이요."라고 대답했다.

그러고 나서 K는 "좋은 생각이 났다! 엄마한테 영어 공부를 하고 싶다고 말해야겠어요!"라고 말했다.

K는 왜 그런 생각을 한 걸까? '수입 잡화점 주인은 영어를 잘해야 한다'고 생각했기 때문이다.

이후 K는 영어 공부만큼은 즐기면서 했다고 한다. 그 아이에게 영어 공부는 곧 꿈이었기 때문이다. 그렇기 때문에 K는 자신의 꿈을 생각하며 두근거리는 마음으로 영어 공부를 했을 것이다.

K가 한 말이 있다.

"공부를 해야 꿈이 이뤄지는 게 아니에요. 꿈을 생각하면 저절로 공부가 하고 싶어져요."

시험을 위한 공부가 꿈을 위한 공부로 바뀌자 그 아이도 의욕에 불이 붙기 시작했다.

자립심을 키워주면
행복도가 올라간다

2대가 함께 사는 가정에 이런 일이 있었다.

시어머니가 가족에게 도움을 주고 싶은 마음에 설거지를 하기 시작했다. 그 모습을 본 며느리는 시어머니에게 이렇게 말했다.

"어머니, 제가 설거지할게요. 어머니는 소파에 앉아서 쉬세요."

무료해진 시어머니가 마당에 나와 나무에 물을 주려고 하자 또다시 며느리가 다가와, "어머니, 제가 할게요. 허리라도 다치면 큰일 나요."라고 말했다.

며느리는 시어머니를 생각해서 한 말이지만, 시어머니는 서서히 '쓸모없는 사람'이 된 기분에 빠졌다고 한다. 그리고 아무것도 할 수 없는 자신이 미웠고, 모든 일을 도맡아서 하는 며느리가 미웠다고 한다.

이것은 자녀에게도 마찬가지다. 엄마가 저녁식사를 준비하고 있다고 해보자. "내가 도와줄게!"라며 자녀가 채소를 씻으려고 할 때, "아니야. 이건 엄마가 할게."라고 자녀의 행동을 막는다면 어떻게 될까?

막 피어난 아이의 자주성과 도와주고 싶다는 마음이 사라지지는 않을까? 아이는 이 세상에서 가장 좋아하는 엄마, 아빠에게 도움을 주고 싶어 한다.

아들러 박사는 "사람이 행복을 느끼는 세 가지 조건이 있다."라고 말했다. 우리는 이것을 '행복의 세 가지 조건'이라고 말한다.

행복의 세 가지 조건

❶ 자기 수용 · 자기 긍정(자신을 좋아하는 것)

❷ 타자 신뢰(사람을 믿는 것)

❸ 타자 공헌(도움이 되는 존재라고 느끼는 것)

행복의 조건 중 첫 번째 조건과 두 번째 조건은 누구나 쉽게 이해할 수 있는 내용이다. 하지만 세 번째 조건인 '타자 공헌'은 아들러 사상에서 주목해야 할 포인트다.

사람은 누구나 '도움을 줄 때' 내면이 충실해진다. 이것은 어른뿐만 아니라 아이도 마찬가지다.

만약 자녀가 엄마를 도와주려고 한다면 그 행동을 막지 말고 "엄마랑 같이 할래?"라고 말해보자. 물론 부모가 하는 편이 빠르고 정확하겠지만, 자녀의 '타자 공헌'을 가로막지 말고 소중하게 키워주었으면 한다. 이것이 바로 '의욕의 싹'과 '자주성'을 길러 주는 방법이다.

'타자 공헌'의 느낌을 키워주면 자녀는 자립심과 행복도가 높은 아이로 자랄 것이다.

온 가족이 행복해지는
샴페인 타워의 법칙

"아이의 이야기를 듣고 있으면 어느새 마음이 초조해져요."

나에게 이런 고민을 털어놓는 부모들이 많이 있다.

마음이 초조해지는 이유는 어쩌면 '시간이 없다', '할 일이 너무 많다' 등 자신에게 여유가 없어서일지도 모른다.

자녀나 배우자에게 조금 더 친절해지고 싶다면 우선은 내가 먼저 행복해지는 것이 중요하다.

'자녀의 학원비 때문에 나는 새 옷을 사지 못한다'는 엄마.

'가족 생활비 때문에 나는 3,000원짜리 도시락을 먹는다'는 아빠.

물론 가족을 위해 희생하는 것은 훌륭한 일이지만, 항상 참기만 하면 불만이 쌓여 화를 내기 쉬워질 것이다. 그러면 집안 분위기가 싸늘해져서 자녀의 말을 더욱더 듣지 않게 되는 악순환에 빠질 것이다.

이럴 때는 '샴페인 타워'를 떠올려 보자.

'샴페인 타워'란 샴페인 잔을 쌓아놓고 맨 위에 있는 잔에 샴페인을 가득 부어 아래 잔으로 흘러내리게 하는 것을 말한다.

사람의 마음도 이와 비슷하다. 가장 위에 있는 잔은 나 자신이다. 두 번째 있는 잔은 가족이나 친구 등 나와 가까운 사람들이다. 세 번째 있는 잔은 세상 혹은 이 사회다.

내 잔에 샴페인이 별로 없으면 가족에게 따라주고 싶어도 따라주지 못할 것이다.

만약 행복한 가족을 바란다면 내 잔에 행복을 먼저 채워야 한다. 행복한 가족이라는 큰 행복도 좋지만, 조금 더 작은 행복부터 채우는 것이 중요하다고 나는 생각한다.

그러면 작은 행복을 위해 우리가 지금 당장 할 수 있는 것은 무엇일까? 이를테면 평소에 가고 싶었던 커피숍에 가서 여유롭게 커피를 마시거나, 좋아하는 꽃을 사서 방에 놓는 방법이 있을 것이다. 이전부터 하고 싶었던 취미나 공부 등에 도전하는 것도 좋을 것이다.

우선은 내 마음이 행복해져야 한다. 그래야 다른 사람을 돌아볼 여유가 생기기 때문이다.

또한 나 자신에게 샴페인 타워가 있듯이 다른 사람에게도 자신만의 샴페인 타워가 있다는 사실을 알아야 한다. 부모가 어떤 도움과 조언을 줘야 자녀가 자신의 샴페인 타워를 채울 수 있을까? 그런 시점으로 생각하면 자녀와의 커뮤니케이션이 조금은 편안해질 것이다.

'보호자'에서
'응원자'로

자녀의 성장은 축복인 한편 외로운 일이기도 하다. 생각하고 싶지 않겠지만, 자녀는 언젠가 독립해 부모 곁을 떠날 것이다. 이것은 부모도 마찬가지다. 부모에게도 언젠가 자녀 곁을 떠날 시기가 온다.

사실 나의 아버지도 상담사다. 이전에 내 강연회에서 아버지가 한 말이 있다. 그때 아버지는 이렇게 말씀하셨다.

"자녀가 어렸을 때 부모는 자녀의 보호자여야만 합니다. 그러나 자녀가 성장하면 부모는 '보호자'에서 '응원자'로 바뀌어야 합니다. 항상 자녀를 믿고, 자녀의 편이 되어주세요."

옆에서 아버지의 말을 듣고 있던 나는 감동에 눈시울이 뜨거워졌다.

"괜찮아." "너라면 잘할 수 있을 거야." 아버지는 항상 나에게 이렇게 말해주었다. 아버지의 이러한 응원은 나에게 살아갈 힘을 주었다.

부모의 믿음과 응원은 자녀에게는 곧 힘과 용기가 된다. 부모가 자녀를 믿고 그의 편이 되어주면 자녀는 넘어져도 다시 일어날 수 있다.

우리는 누구나 마음에 정원을 하나 갖고 있다. 자녀가 어렸을 때는 그 정원을 직접 손질해 주고 일일이 가꾸는 방법을 알려줘야 하지만 자녀가 크면 더 이상 나서지 말아야 한다. 자녀가 스스로 할 수 있는 나이가 되었는데도 불구하고 걱정스러운 마음에 부모가 모든 것을 나서서 손질해 주거나, 여기에는 이 꽃을 심어야 하고 저기에는 저 꽃을 심어야 한다고 지시하면 자녀는 의존도가 높아져 스스로 정원을 가꾸지 못하게 된다.

이렇게 누군가에게 의존한 채로 어른이 되면 어떻게 될까? 자신의 힘으로 자신만의 정원을 가꾸지 못하고, 다른 사람의 정원만을 부러워하는 어른이 되어버릴 것이다.

그래서 자녀가 성장하면 부모는 보호자에서 벗어나 응원자로서 자녀를 지켜봐 줘야 한다. 자녀를 한 사람의 인간으로 존중하고 '반드시 자신의 힘으로 극복할 수 있을 거라고' 믿어주어야 한다. 그 믿음이 자녀의 잠재적인 힘을 이끌어줄 것이다.

내가 대신 해주고 싶은 것이 부모의 마음이지만, 지나친 간섭은 오히려 독이 될지도 모른다.

오늘부터는
내가 코치

지금까지 이야기한 대화의 방법은 사실 자녀 코칭 현장에서 자주 사용되는 이론과 기술이다. 코치라고 하면 운동 방법을 알려주는 스포츠 코치가 떠오를 테지만, 이 세상에는 나처럼 심리 분야를 다루는 코치도 많이 있다. 그러나 스포츠 코치와는 달리 심리 코치는 '방법과 정답'을 가르쳐주지 않는다.

심리 코치란 '정답은 그 사람 마음에 있다'는 사상을 바탕으로, 본인이 아직 찾지 못한 '꿈'을 함께 찾고 '방법'을 조언해 주면서 꿈을 이룰 수 있도록 도와주는 사람이다. 우리나라에는 아직 널리 퍼져 있지 않지만, 미국에서는 몸을 만들고 싶을 때 개인 트레이너를 찾듯이 꿈을 이루고 싶을 때 개인 코치를 찾는다. 가수 레이디 가가나, 배우 휴 잭맨도 개인 코치가 있는 것으로 유명하다.

코치란 꿈과 희망을 함께 만드는 전문가다. 그 사람의 꿈을 이뤄주는 '내 편'이자 '응원자'다.

자녀의 가장 좋은 응원자인 부모가 오늘부터 자녀의 코치가 되어 함께 미래를 만들어간다면, 아무리 큰 꿈이라 해도 자녀는 반드시 그 꿈을 이루게 될 것이다.

"하지만 내가 아이의 코치가 될 수 있을까?" 이런 불안감을 가질지도 모르겠다. 그런 사람들도 안심하길 바란다. 지금까지 내가 설명한 대화 방법을 생각하며 피트인 카드를 함께 이용하면 즐겁고도 쉽게 코칭을 할 수 있게 될 것이다.

피트인 카드의 가장 큰 장점은 부모님이나 선생님은 물론이고 아이들끼리도 서로 코칭해 줄 수 있다는 점이다. 게다가 단 5분이라는 짧은 시간에 코칭을 할 수 있다.

- ◆ 아이의 숨은 고민이 빠른 시간 안에 해결된다.
- ◆ 아이의 속마음을 알게 된다.
- ◆ 점점 자신감이 생기고, 목표도 확실해진다.
- ◆ 아이들끼리 문제를 해결할 수 있다.

지금까지는 문제 해결과 고민 해결에 많은 시간이 걸렸을 테지만, 피트인 카드를 사용하면 놀라울 정도로 짧은 시간 안에 고민이 해결된다.

그렇다면 다음 장에서는 피트인 카드의 사용 방법을 설명하도록 하겠다.

'칭찬'도 '훈육'도
의욕을 불러오지 않는다?!

칭찬과 훈육.

많은 부모들이 양육에 있어서 가장 중요한 것은 '칭찬'과 '훈육'이라고 생각하지만, 적어도 아들러 심리학에서는 이 두 가지 방법을 모두 추천하지 않는다.

나도 처음 아들러 심리학을 배웠을 때는 매우 충격적이었다. 하지만 아들러는 칭찬과 훈육은 '상하관계'가 생기기 쉬운 양육 방법이라고 말했다. 즉 훈육은 말할 것도 없이 칭찬할 때도 평가하는 쪽과 평가받는 쪽이 생긴다.

확실히 자녀에게 칭찬과 훈육을 반복하면, '칭찬해 주는 사람이 없으니까 하지 않겠다', '야단치는 사람이 없으니까 하겠다'는 등 외부 자극에 자신의 의욕이 좌우되는 어른으로 커버릴지도 모른다.

그렇다면 본인이 스스로 노력할 수 있도록 의욕을 키워주는 방법은 무엇일까? 그것은 바로 '용기 부여'다.

용기 부여란 '성공뿐만 아니라 실패도 인정해 주고', '결과뿐 아니라 과정과 노력도 중시하는' 방법이다.

자녀가 달리기 시합에서 1등을 했을 때 그 결과와 함께 노력도 인정해 주면 어떻게 될까? "노력한 보람이 있다!" 하며 당연히 기분이 좋아질 것이다. 반대로 달리기 시합에서 꼴찌를 했을 때 "1등을 못 해서 안타깝지만, ○○는 이런 걸 잘했어."라고 말해주면 자녀는 자신감이 생길 것이다.

단순히 칭찬하고 야단치는 것이 아니라, '과정'과 '실패'도 인정할 수 있도록 용기를 주면 자녀의 의욕이 서서히 올라갈 것이다.

자녀의 마음이
한눈에 보인다!
피트인 카드
사용법

기분 바꾸기, 고민 해결, 꿈을 실현하기,
충분한 대화 나누기. 피트인 카드를 사용
하는 방법은 아주 간단하다! 아이가 마음
대로 가지고 놀 수 있도록 도와주자.

마법의 피트인 카드란?

세 가지 사용법

1 아이의 마음을 이끌어낸다.

2 아이의 고민을 해결한다.

3 아이의 행동 목표를 발견한다.

장점

● 직감적으로 코칭할 수 있다.

● 놀면서 대화할 수 있다.

● 카드로 기분을 표현하기 때문에 자신의 생각을 쉽게 전할 수 있다.

● 카드로 자신의 마음을 보여줄 수 있다.

● 어른도 아이도 쉽게 할 수 있다.

테마카드 10장

'무엇에 대해 말하고 싶은지' 주제를 명확하게 보여주는 카드다. 테마카드에는 '자녀 고민 탑 10'이 담겨 있다. 시각적으로 눈에 잘 들어오게끔 테이블 위에 카드를 올려놓으면 현재의 고민거리를 쉽게 선택할 수 있고, 상담 내용도 깊어진다. 또한 이번에 선택받지 못한 카드가 있더라도 '이 밖에도 이런 주제가 있다'는 것을 알면 다음번 고민거리가 생겼을 때 상담하기가 쉬워진다.

　아이들은 감수성이 풍부하지만, 그것을 표현하는 어휘력은 아직 부족할 수 있다. 아이는 자신의 기분을 몰라주면 울거나 화내거나 떼쓰는 세 가지 유형의 행동을 보이고, 어른도 이유를 모르기 때문에 "왜 그러는 거야!" 하며 화내기 쉽다. 이럴 때 아직 어휘력이 부족한 아이라도 감정카드를 사용하면 그림을 보고 직감적으로 자신의 기분을 선택할 수 있다. 선택한 카드를 바탕으로 '왜 이 카드를 골랐는지' 상냥하게 물어보면 자녀도 자신의 기분을 말로 쉽게 표현할 수 있다.

내가 코칭할 때 자주 하는 질문들을 모아놓은 카드다. 다음에 어떤 질문을 해야 할지 모를 때 이 카드를 사용하면 도움이 될 것이다. 질문카드를 테이블 위에 올려놓고 자녀에게 질문을 던져보자. 질문은 아이를 성숙하게 만든다. 자녀에게 계속 질문을 하면 아이는 평소에 자신이 상상하지 못한 좋은 의견이나 아이디어를 낼지도 모른다. 또한 질문카드는 자신을 향한 '셀프 코칭'이 되기도 한다.

비어 있는 카드가 3장 있다. 감정을 표현하는 그림이나 질문, 테마를 자유롭게 써보길 바란다.

피트인 카드의 효과를 높이는 포인트

> ## Q 언제,
> 어디에서?

A 편하게 대화할 수 있는 환경에서!

방과 후 간식시간에

방과 후 집에 돌아왔을 때 아이의 마음은 비교적 편안한 상태가 된다. 저녁식사 후에는 내일 학교 갈 준비나 목욕, TV 시청 등으로 조금은 분주하기 때문에 방과 후 간식시간을 활용하는 것을 추천한다.

휴일 아침식사 후 식탁에서

평일이 바쁘다면 휴일을 활용하는 것도 좋은 방법이다. 특히 아침식사 후 편하게 식탁에 둘러앉아 대화하는 것을 추천한다. 주말에 한 주 동안 있었던 일을 되돌아보면서 다음 주의 목표를 세우는 것도 좋다.

Q 사용 포인트나
주의할 점은?

A 듣는 사람의 법칙
과 요령이 있다!

**듣는
사람의
법칙**

- 아무에게도 말하지 않겠다고 약속한다.
- 자녀가 어떤 말을 해도 부정하지 않는다.
- 부모가 원하는 방향으로 유도하지 않는다.
- 자녀의 편이 되어준다.
- 속마음을 말해줘서 고맙다고 말한다.

아이들의 마음은 매우 섬세하다. 따라서 자녀의 말과 생
각을 부정하지 말고, 기분을 있는 그대로 받아들여 주자.

**듣는
사람의
요령**

- 상대방이 말한 것을 앵무새처럼 따라 말한다.
- 긍정적인 맞장구, 리액션을 한다.
- 웃는 얼굴로 이야기를 듣는다.(웃음을 머금고!)
- 눈을 바라보고 이야기를 듣는다.(아이 컨택!)
- 목소리 톤을 상대방보다 조금 높게 한다.

자녀가 안심할 수 있도록 상냥하게 웃는 표정으로. "그랬구나."
"좋아!" 등 긍정적인 리액션을 곁들이면 자녀의 마음이 쉽게 열린다.

'하고 싶은 말'을 다 말할 수 있도록 신뢰관계를 쌓는 것이 중요하다!

자녀가 '이야기하고 싶지 않다'는 분위기를 풍기면 억지로 이야기를 끌어내지 않는 편이 좋다. PART 01에서 말한 대화 방법을 참고해 자녀가 말하고 싶도록 신뢰관계를 쌓아보자.

피트인 카드를 직접 사용해 보자!

피트인 카드의 사용 방법은 무궁무진하다! 자신만의 방법으로 이용해도 좋지만, 아래의 예를 참고하면 자녀의 속마음과 고민을 보다 잘 이끌어낼 수 있다.

사용 방법 예

1 주제를 정한다.

 주제는 테마카드로 선택해도 좋고,

 고민거리나 평소에 하고 싶었던 말 중에서 골라도 좋다.

2 현재 상태를 정확하게 안다.

 주제에 대한 '지금의 기분'을 감정카드로 선택하자.

> 한 장을 골라도, 여러 장을 골라도 상관없다.

 그 기분의 이유를 구체적으로 물어보자.

> 질문카드를 사용해도 좋고, 질문카드를 참고해 자신만의 방식으로 물어봐도 좋다.

— Point —

왜 그 카드를 골랐는지 질문하면 자녀의 속마음과 고민을 보다 정확하게 알 수 있게 된다. 자녀가 대답을 해주었다면 "말해줘서 고맙다."라고 반드시 감사의 말을 전하자.

3 미래의 꿈을 정확하게 안다.

 꿈을 물어보자. [질문 카드 1]

질문카드를 사용해도 좋고, 질문카드를 참고해 자신만의 방식으로 물어봐도 좋다.

 그 꿈을 생각했을 때 어떤 기분이 드는지 감정카드로 선택하자.

그 기분의 이유를 구체적으로 물어보자. [질문 카드 15]

4 꿈을 이루기 위한 최초의 목표를 정한다.

 꿈을 이루기 위한 계획을 세우자. [질문 카드 9]

3에서 선택한 꿈을 실현하기 위한 '최초의 목표(언제까지 무엇을 할지)'를 정한다.

5 멘탈 리허설을 한다.

 '최초의 목표'에 대한 마음가짐이나 기분을 확인하자.

— *Point* —

높은 목표도 좋지만, 처음에는 지금 당장(오늘 또는 내일부터) 시작할 수 있는 작은 목표부터 세우는 것이 좋다. 따라서 '할 수 있는지'보다는 '하고 싶은지'에 집중하자.

4에서 정한 목표에 대해 '정말 그렇게 하고 싶은지', '할 수 있는지', '그러면 무엇부터 시작해야 하는지'를 질문카드를 통해 순서대로 물어보자. 만약 그 목표가 어려운 경우에는 다른 목표를 찾을 수 있도록 도와주자. [질문 카드 6]

6 용기를 준다.

 "화이팅!" "엄마도 도와줄게."라고 말하자.

아이들은
카드를 좋아한다!

피트인 카드를 개발하기 전에는, 물론 이 카드가 존재하지 않았기 때문에, 나는 아이들과 그저 평범하게 대화하면서 코칭을 했다. 대부분의 아이들은 처음 본 내 앞에서 긴장했다. 게다가 처음 본 어른이 고민거리나 꿈에 대해 말해보라고 하니 당연히 "뭐야?"라는 반응이 나왔다. 정해진 시간 안에 상담을 끝내야 했기 때문에, 나 역시 '빨리 결론을 내야 한다'는 초조함에 좋지 않은 분위기를 만들 때도 있었다. 당시 나는 아이들의 마음을 잘 알지 못했었다.

'아이들은 무엇을 좋아하지?' 이런 고민을 하고 있을 때 공원에서 카드놀이를 하는 아이들의 모습이 눈에 들어왔다. 처음 보는 아이들과도 금세 친구가 되어 카드놀이를 하는 그 모습을 보고, '카드를 만들면 아이들의 고민을 어렵지 않게 들을 수 있겠다!' 하는 확신이 들었다.

그 후 아이들을 상담하면서 '아이들은 웃긴 그림을 좋아한다'

는 사실을 알게 되었고, 못생겼지만 귀여운 토끼 그림을 모터 브로 카드를 제작했다. 실제로 그 카드를 아이들에게 보여주었 더니 "어! 이 카드 뭐야?" 하며 관심을 가져주었고, 마음을 여는 데 20분이나 걸리던 시간이 1분으로 단축됐다. 아이들의 마음 이 순식간에 열리는 피트인 카드의 마법 같은 힘을 느낀 순간이 었다.

03

자녀와
대화하고 싶다!

테마별
피트인 카드
실천편

실제로 내가 많이 상담했던 주제로 피트인 카드의 사용 방법과 대화 예시를 담았다. 대화에서 가장 중요한 것은 자신의 기분과 생각을 솔직하게 전하는 것이다. 마음을 다잡고 자녀와 편안하게 대화를 시작해 보자.

자녀의 마음을 열고 싶을 때 1
학교에서 있었던 일을 듣고 싶을 때

오늘 학교에서 뭐 했는지 물어도
항상 "뭐, 그냥."이라는 대답만 돌아온다.

아이의 학교생활에 대해 듣고 싶을 때는
어떻게 해야 좋을까?

♥ POSITIVE WORD

어서 와.
간식 준비했으니까
손 씻고 와.

 ⚡ NEGATIVE WORD

(갑자기)
오늘 학교에서 뭐 했어?

아이가 초등학교 저학년일 때는 부모가 물어보지 않아도 학교생활에 대해 이런저런 이야기를 해주지만, 학년이 올라가면 올라갈수록 아이는 학교에서 있었던 일을 잘 얘기하지 않게 된다. 부모가 물어봐도 "뭐, 그냥."이라며 대화를 피하는 경우가 많다. 그러나 아이들은 성장하면서 대부분 이런 행동을 하기 때문에 너무 걱정하지 않아도 된다.

특히 9~10세 무렵은 '아이의 뇌'에서 '어른의 뇌'로 바뀌는 시기다. 즉 이 시기는 전환기라고 할 수 있다. 이 무렵 아이들은 사회성이 거의 완성되기 때문에 주변 사람의 안색과 의견에도 민감하게 반응한다. 이를테면 "나는 운동장에서 놀고 싶은데 다른 친구들도 그럴까?" 하고 머릿속으로 생각하지만, 그 말을 꺼내지 않는 경우가 늘어난다.

또한 이 시기는 '전사춘기'라고 불리는 시기로, 이전까지는 부모에게 털어놨던 고민을 서서히 친구에게 털어놓기 시작한다. 나아가 아이는 스스로 대답을 찾는 자립기에 들어간다. 그런 시기에 부모가 매일 "오늘 학교에서 뭐 했어?" "숙제는 했어?"라고 물으면 아이는 그 질문을 잔소리로만 생각할 것이다.

그러나 부모는 당연히 내 아이가 학교에서 어떻게 지내는지 궁금하다. 이때 이야기를 끌어내는 포인트는 갑자기 핵심을 묻는 것이 아니라 잡담을 하면서 카드를 활용하는 것이다.

학교에서 있었던 일을 듣고 싶을 때

잡담+핵심을 섞어 질문한다

 어서 와. 간식 준비했으니까 손 씻고 와.

 네.

 오늘은 날씨가 더워서 엄마가 빙수 만들었어.

 정말? 맛있겠다.

 그러고 보니 오늘 체육 수업이 있던데, 체육 시간에 뭐 했어?

 축구했어.

 축구? 재밌었어?

 응, 재밌었어.

 카드로 말하면 어떤 거야?

 이 카드.

 왜 그 카드를 골랐어?
질문
카드
15

 엄청 재밌었으니까. 나도 오늘 골 넣었거든!

 정말? 대단한데. 우리 아들 축구 정말 잘하네.

그리고 또 어떤 일이 있었어?

Point

"오늘 뭐 했어?"라고 갑자기 막연하게 질문하는 것이 아니라 학교에서 있었던 일을 하나씩 물어본다.

Point

'또 어떤 일'이란 다른 에피소드로 이야기를 넓혀가는 대화 방법이다. 시간차로 감정카드를 준비하는 것을 추천한다.

나는 토마토 싫어하는데, 급식에 토마토가 나왔어.

 그래? 그때 기분이 어땠어?

 이런 느낌이었어.

 토끼가 쓰러져 있는 카드네. 그럼 오늘 하루 학교에서 있었던 일을

카드로 표현하면 어떤 느낌인지 엄마한테 가르쳐줘.

— Memo —

"오늘 학교에서 뭐 했어?"는 마지막 질문으로

처음부터 전체적인 느낌을 묻기보다는 수업이나 급식,
특별활동 등 핵심을 섞어가며 질문해 보자. 그래야 아이
가 대답하기 쉬워지기 때문이다. 대화의 마지막에 오늘
하루를 되돌아보는 감정카드를 쓰면 대화에 탄력이 생
길 것이다.

정리

"오늘 학교에서 뭐 했어?"라고 갑자기 물으면 아이는 대답하기
힘들어한다. 잡담을 나누면서 편안한 분위기를 만든 후 학교생
활에 대해 자세히 물어보도록 하자.

자녀의 마음을 열고 싶을 때 2
기분을 좀처럼 말하지 않을 때

우리 아이는 다른 사람의 눈치를 너무 많이 본다.
그래서 자신의 기분을 잘 말하지 않는다.
아이가 기분을 표현할 수 있도록 만들려면
어떻게 해야 할까?

♥ **POSITIVE WORD**

어떤 기분이었는지
카드를 골라보자.

⚡ **NEGATIVE WORD**

말하지 않으면
모른다니까!

아이들은 감수성이 매우 풍부하다. 그러나 그 감수성을 말로 표현하는 어휘력은 아직 부족하다. 부족한 어휘력 탓에 아이는 기분을 말로 표현하지 못하는 것인데, 부모나 어른들은 말하지 않는다며 아이를 다그친다. 그 감정이 최고조에 달하면 아이는 '운다', '화낸다', '떼쓴다'라는 세 가지 패턴으로 반응해 버리기 쉽다.

하지만 기분을 말로 정확하게 표현하지 못하는 아이들도 '기분의 종류'는 선택할 수 있다. 따라서 다양한 상황과 표정이 그려진 토끼 그림의 감정카드를 사용하면 자신의 기분을 보다 쉽게 드러낼 수 있다.

하지만 카드를 직접 사용하기 전에 우선은 '사람에게는 다양한 감정이 있다'는 사실을 알려주어야 한다. 감정카드에 그려진 그림이 어떤 기분을 나타내는지 직접 생각하고 표현할 수 있게 만들어주면 아이의 마음속에도 희로애락의 다양한 감정이 쌓이기 시작할 것이다. 또한 퀴즈나 게임 형태로 카드를 고르게 하면 긴장감이 줄어들어 대화도 활기를 띨 것이다.

감정카드에 그려진 기분을 스스로 생각하고 말로 표현할 수 있게 해주자. 그러면 아이도 자연히 자신의 감정을 말로 표현할 수 있게 된다.

기분을 좀처럼 말하지 않을 때
다양한 감정을 상상하고 표현하도록 돕는다

— Point —
아이들은 퀴즈를 매우 좋아한다. 우선은 다양한 감정을 카드로 고르게 한 뒤 게임을 하듯이 대화를 시작해 보자.

 퀴즈! 슬플 때는 어떤 카드를 골라야 할까?

 음……, 이거?

 그렇구나. 왜 그 카드라고 생각해?

 엎드려서 울고 있잖아.

정말 울고 있는 것처럼 보이네.

그럼 이번에는 아무거라도 좋으니까 카드 한 장을 골라봐.

 이거!

 그건 어떤 카드야?

 이건 기뻐서 행복해하는 카드야.

 그래? 그럼 이 카드는 어떤 기분일까?

음……, 이건 자신감이 없는 것 같은데.

 아빠도 그렇게 생각해. ○○는 어떨 때에 자신감이 없어져?

수학 문제를 틀렸을 때.

— Point —
카드에 그려진 기분을 상상하고, 실제로 어떤 상황에서 그런 기분이 드는지 물어보자.

65

정답을 맞히지 못하면 자신감이 떨어지는구나.

그럼 정답을 맞히면 어떤 카드가 될까?

 이런 느낌의 카드.

 그 카드는 어떤 기분이야?

 자신감이 생겨서 기쁘고, 선생님한테 칭찬받았을 때 생기는 기분.

 맞아. 아빠는 우리 딸이 항상 그런 기분이었으면 좋겠어.

— *Memo* —

앞으로의 기분을 카드로 선택하자!

이를테면 "내일은 어떤 기분으로 학교에 가고 싶어?" 하
며 카드를 고르게 해주고, "그럼 어떻게 해야 이런 기분
이 될까?" 하고 물어보면 자녀는 내일 학교 갈 준비를 즐
겁게 할 것이다.

정리

감정카드에 그려진 기분을 직접 상상하고 표현할 수 있도록 만
들어주면 아이도 자신의 기분을 말로 표현할 수 있게 된다.

자녀의 마음을 열고 싶을 때 3

눈에 보이는 거짓말을 할 때

아이가 학원에 가지 않았는데
갔다 왔다고 거짓말을 한다.

아무렇지 않게 거짓말하는 모습에
당황할 때가 있다.

♥ **POSITIVE WORD**

엄마(아빠)는
네가 거짓말해서
속상했어.

 NEGATIVE WORD

왜 거짓말을 해!
거짓말은 나쁜 거야!
엄마(아빠)한테
사실대로 말했어야지!

아이가 학원에 오지 않았다며 학원 선생님으로부터 전화가 걸려왔다. 집에 돌아온 아이에게 "오늘 학원에서 뭐 배웠어?"라고 슬쩍 떠봤더니 "음……, 영어."라고 대답한다.

이렇게 아이가 거짓말을 하면 부모는 충격에 휩싸일 것이다. 거짓말이라는 것을 알았을 때는 자녀에게 그 사실을 곧바로 말해야 한다. 그러지 않으면 아이는 '걸리지 않으면 그만'이라는 생각으로 계속해서 거짓말을 할 우려가 있기 때문이다.

그러나 한편으로 아이의 기분을 이해해 주는 것도 중요하다. 분명 학원에 가지 않은 이유가 있을 거라고 아이를 이해해 주어야 한다. 아이에게도 어떤 사정이나 말 못 할 고민이 있을 것이다. 따라서 아이가 거짓말했을 때는 순간 화가 날지라도 감정적으로 아이를 야단쳐서는 안 된다. 감정적으로 야단치면 "엄마는 아무것도 모르면서!"라며 오히려 아이가 폭발할지도 모르기 때문이다.

이때 내가 추천하는 방법이 있다. 바로 PART 01에서 말한 '나 메시지'다. 자녀가 거짓말했을 때 느꼈던 기분을 감정카드에서 골라 아이에게 보여주자. 그러면 말로 하는 것보다 더 큰 뜻을 아이에게 전해줄 수 있다. 부모와 자녀가 테이블에 마주 앉아 자신의 감정을 대변하는 카드를 각각 보여주고, 앞으로 어떻게 해야 할지 서로 얘기해 나가면 좋을 것이다.

눈에 보이는 거짓말을 할 때

'나 메시지'로 속상한 감정을 전하자

 엄마는 다 알고 있어. 오늘 학원 안 갔지?

 응······.

 네가 학원에 안 갔다는 걸 알았을 때 엄마는 이런 기분이었어.

그런데 지금은 이런 기분이야.

Point

자녀와 대화하기 전에 자신의 기분을 나타내는 감정카드를 골라보자. 감정카드를 고르는 동안 격해졌던 감정이 누그러질 것이다.

 ······.

 엄마가 왜 이런 기분이 됐는지 알아?

 내가 학원에 안 가서?

 엄마는 네가 학원 안 가서 화난 게 아니야.

네가 거짓말해서 엄마는 너무 속상했어.

너는 어떤 기분으로 학원에 안 간 건지 엄마한테 카드로 알려줄래?

 이 카드.

맨날 그림만 따라 그리니까 재미없고 귀찮았어.

Point

'나 메시지'로 자신의 기분을 말한 후에는 자녀의 기분을 물어보자. 어떤 감정카드가 나와도 우선은 자녀의 기분을 받아주자.

그랬구나. 엄마가 네 기분을 몰라줬네. 미안해.

 나도 미안해.

 '맨날'이라면, 학원 가기 싫은 적이 많았다는 거야?

 응, 수영은 재밌지만 미술학원은 재미없어.

 그래? 다음에도 학원 가기 싫으면 엄마한테 말해줘.

그리고 거짓말은 나쁜 거니까 앞으로는 거짓말 안 했으면 좋겠어.

거짓말을 안 하려면 어떻게 해야 할까?

— Memo —

말 못 한 속마음에 다가가기

자녀가 거짓말하면 충격을 받겠지만, 자녀도 거짓말할 수밖에 없었던 사정이 있을 것이다. "네 마음을 몰라줘서 미안하다."라고 말하면 자녀도 자신의 행동에 미안함을 느낀다.

정리

거짓말해서 속상한 감정을 '나 메시지'로 전하자. 그리고 왜 거짓말을 했는지 구체적으로 물어보자.

아이가 학교에 가고
싶지 않다고 말한다.

설마 우리 아이가
'등교 거부'를 하는 건
아닌지 불안해진다.

 POSITIVE WORD

왜 학교에 가고
싶지 않은지
엄마한테 말해줄래?

 NEGATIVE WORD

학교 안 가고 뭐 하려고?
엄마 귀찮게 하지 말고
빨리 학교 가!

어른이 '회사에 안 가고 싶을 때'가 있는 것처럼 아이도 '학교에 안 가고 싶을 때'가 있다. 이때는 어른에게도 아이에게도 각각 '가고 싶지 않은 이유'가 있을 것이다.

이를테면 아이의 경우는 '싫어하는 과목이 있다'거나 '운동회 연습이 싫다' 혹은 '숙제를 안 했다', '급식 먹기 싫다'는 등 수업이나 행사에 관련된 일부터, '선생님이 무섭다', '친구와 싸웠다', '친구들이 놀린다'는 등 인간관계에 관련된 일까지 그 이유는 다양할 것이다.

어른 입장에서 보면 별것도 아닌 일일 테지만, 아직 시야가 좁은 아이 입장에서 보면 큰 문제일지도 모른다. 이처럼 사소한 문제가 마음에 크게 걸려서 아이는 학교 가기 싫은 것이다.

이럴 때 부모는 "어리광 부리지 말고 빨리 학교 가!" "다들 공부하기 싫지만 학교에 가잖아. 너도 빨리 가." "일단 학교에 가면 재밌을 거야." 하며 억지로 학교에 보내려고 하지만, 아이는 속으로 '학교 가기 싫은 마음을 받아줬으면……' 하고 생각한다. 만약 마음을 받아주지 않는다면 아이는 꾀병을 부려서라도 학교에 가지 않으려고 할 것이다.

중요한 것은 아이가 학교에 가느냐 마느냐가 아니다. 집이 얼마나 편안한 곳이냐가 중요하다. 아이가 아직 학교에 갈 용기가 없다면 부모는 그 마음을 받아주고 마음을 쉴 수 있게 만들어주어야 한다.

학교에 가기 싫다고 말하기 시작할 때

학교에 가고 싶지 않은 이유를 물어보자

▶ 다음은 자녀가 학교에 가기 싫다고 말하기 시작한 날
아침의 대화이다.

 엄마, 나 오늘 학교 안 갈래.

 왜?

 그냥.

 그럼 우리 카드로 얘기할래?

학교에 가려고 하면 어떤 기분이 들어?

 이런 기분.

 그건 어떤 기분이야?

> —— *Point* ——
>
> 학교에 가기 싫은 지금의 마음을 감성카드
> 로 표현하도록 도와주자.

 엄청 나쁜 기분.

 학교에서 기분 상한 일 있었어?

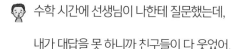 수학 시간에 선생님이 나한테 질문했는데,

내가 대답을 못 하니까 친구들이 다 웃었어.

그랬구나. 말해줘서 고마워.

지금 엄마한테 말할 땐 어떤 기분이 들었어?

 이런 기분.

혼날까 봐 걱정했는데, 엄마가 내 이야기를 들어줘서 안심했어.

 왜 혼을 내(웃음). 우리 아들이 솔직하게 말해줘서

엄마는 오히려 기분이 좋은걸. 엄마 오늘 일해야 하는데,

이런 기분으로 끝내고 싶었어.

○○는 어떤 기분으로 오늘 하루를 마치고 싶어?

─ Point ─

학교에 가기 싫은 기분을 받아줬다면, 이번에는 '어떤 기분이 되고 싶은지' 미래로 시점을 넓혀가 보자.

 이거.

 친구들과 즐겁게 있는 모습이네.

그럼 어떻게 하면 이런 기분이 될까?

 그게……. 친구들이랑 놀고 싶어. 엄마, 나 학교 갈래.

— Memo —

학교에 가고 싶지 않다고 말한 날 아침이 중요하다

자녀가 학교에 가고 싶지 않다고 말했다면 그날 아침에 기분을
물어보는 것이 무엇보다 중요하다. 학교에 가고 싶지 않은 데는
반드시 이유가 있다. 부모에게 그 이유를 털어놓는 것만으로도
자녀는 기분이 풀릴 것이다.

정리

자녀가 학교에 가기 싫다고 말했다면 왜 가기 싫은지 그 기분을
바로 물어보자. 자녀는 부모에게 털어놓는 것만으로도 기분이
풀려 학교에 가고 싶어질 것이다.

장기간 학교에 가지 않을 때
자녀가 편안하게 이야기할 수 있는 분위기를 만들자

▶ 다음은 자녀가 며칠 동안 학교에 가지 않았을 때의 대화이다.

 엄마도 어렸을 때 학교에 가기 싫었던 적이 있었어.

친구들이 놀리는 것 같아서.

그때 할머니가 엄마 편을 들어줘서 마음이 편안해졌어.

엄마도 네 편이니까 왜 학교에 가기 싫은지

말하고 싶을 때 언제든지 말하렴.

— *Point* —
"엄마도 학교에 가기 싫을 때가 있었어."
"엄마는 네 편이야."라고 말하면 자녀의 마음이 열린다.

 엄마, 그러면 나 말해도 돼?

 당연하지! 카드를 가지고 천천히 말해볼래? 지금 어떤 기분이야?

 나 지금 이런 기분이야.

 그렇구나. 왜 그 카드를 골랐어?

질문
카드
15

 쉬는 시간에 친구들은 모여서 재밌게 노는데

나만 혼자 외톨이처럼 있었어.

A가 내 표정이 어둡다고 놀렸어. 그래서 나 학교 가기 싫어.

그래서 힘들었구나. 엄마가 몰라줘서 미안해.

지금이라도 말해줘서 정말 고마워.

○○가 학교에 안 가도 엄마는 여전히 널 사랑해.

○○는 학교에서 쉬는 시간을 어떻게 보내고 싶어?

 나는 혼자서 책 읽는 걸 좋아해.

그래서 쉬는 시간에는 혼자 조용히 책 읽고 싶어.

 그러면 ○○는 외톨이가 아니라 책 읽는 걸 좋아하는 아이인 거야.

엄마는 혼자 쉬는 시간을 즐기는 ○○가 정말 멋있어 보여.

 —— Point ——

학교에 가기 싫은 명확한 이유가 있는 경우
에는 그 이유를 풀어주는 것이 좋다.

 친구들은 혼자 있는 게 나쁘다고 생각하는데?

 그건 나쁜 게 아니야. 자신감을 가져.

엄마는 ○○의 기분이 가장 중요하다고 생각해.

그러니까 앞으로 어떻게 해야 할지 같이 생각해 보자.

마음에 힘을 실어주자

자녀가 며칠 동안 학교에 가지 않았다면 앞으로 더욱더
학교에 갈 용기가 나지 않을 것이다. 이럴 때는 마음에
힘을 실어줘야 움직일 힘이 나온다. 따라서 자녀의 마음
에 힘을 실어주거나 자신감을 심어주는 것이 중요하다.

정리

학교에 가고 말고는 다음 문제다. 억지로 학교에 보내려고 하지
말고 우선은 자녀가 안심하고 말할 수 있는 가정환경을 만들자.

아이가 공부하기 싫어하고,
숙제도 하지 않아 선생님께
지적을 받았다.

공부습관을 만들어주려면
어떻게 해야 할까?

♥ POSITIVE WORD

재밌게 공부할 수 있는
방법을 같이 찾아보자.

⚡ NEGATIVE WORD

선생님한테 또
혼나지 말고, 빨리 숙제해!

공부나 숙제만이 아니라 모든 습관의 열쇠는 '쾌감'과 '불쾌감'이라는 두 가지 감정에 있다. '쾌감'은 두근거림, 즐거움, 좋아함, 또는 하고 싶다는 긍정적인 감정이다. 그에 반해 '불쾌감'은 귀찮음, 고통, 싫어함, 무의미, 무력감이라는 부정적인 감정이다.

게임이나 놀이라면 부모가 말하지 않아도 스스로 하는 아이가 많다. 왜냐하면 게임이나 놀이는 두근거리고 재밌기 때문이다. 게임이 재밌는 이유는 게임을 하면서 재미라는 '쾌감'을 맛보았기 때문이다.

이처럼 사람은 한번 '쾌감'을 맛보면 매일 그 감정을 느끼고 싶어 한다. 한편 '불쾌감'은 맛보고 싶지 않은 감정이라서 한번 불쾌감을 느꼈던 일은 두 번 다시 하지 않으려고 한다. 공부가 습관화되지 않는 이유는 '공부는 불쾌하다'라는 의식이 자리 잡았기 때문이다. '공부'라는 말만 들어도 불쾌감에 적신호가 들어와 공부를 하지 않으려고 하는 것이다.

공부를 습관화하기 위해서는 우선 공부에 대한 인식을 바꿀 필요가 있다. 공부에 재미를 붙이면 누가 시키지 않아도 저절로 공부가 하고 싶어질 것이다. 그리고 실제로 공부를 시작하면 '쾌감'이 늘어나 계속해서 공부가 하고 싶어진다.

우선은 게임처럼 카드를 사용해 자녀와 대화해 보자.

공부습관을 만들어주고 싶을 때

레벨 올리기 게임으로 의욕을 높여주자

 피트인 카드로 '레벨 올리기 게임' 할래?

 '레벨 올리기 게임'이 뭐야?

 공부 의욕을 올리는 게임이야.

공부를 제일 잘하는 레벨을 '100'이라고 하자.

만약 ○○가 '공부 레벨 100'이 되면 어떤 기분이 들까?

 이런 기분.

 우와, 토끼가 1등을 했네.

그럼 '공부 레벨 100'이 되면 무엇을 할 수 있을까?

 음……, 레벨 100은 항상 100점을 받으니까 친구들에게

공부를 가르쳐줄 수 있어.

 대단한데. 그럼 '공부 레벨 1' 카드는 어떤 걸까?

 이거.

 그래? 그럼 ○○의 '공부 레벨'은 얼마야?

40레벨.

 40레벨 카드는 뭘까?

 이거.

 그렇구나. ○○는 왜 지금 40레벨이라고 생각해?

 나는 덧셈 뺄셈은 잘하는데, 분수를 못해. 맞춤법도 잘 틀리고.

그리고 숙제도 하고 싶지 않으니까 40레벨이야.

— Point —

'레벨 100', '레벨 1', '지금 자신의 레벨'에 해당
하는 카드를 테이블 위에 올려놓고 각각 거리
를 두면 시각적으로도 알기 쉬워진다.

 그렇구나. 그럼 '레벨 41'이 되려면 어떻게 해야 할까?

 맞춤법 공부를 하면 레벨이 올라가지 않을까(웃음)?

 그럼 '레벨 41'을 목표로 같이 맞춤법 공부를 해보자.

레벨 업을 목표로

갑자기 '레벨 100'을 목표로 하는 것이 아니라 '어떻게 하면 레벨 1을 올릴 수 있는지' 자녀에게 물어보는 것이 좋다. 그러면 공부의 방향성도 명확해지고 자녀의 의욕도 올라갈 것이다. '레벨 올리기 게임'은 공부뿐만 아니라 생활습관을 고쳐주는 데도 유용하게 작용한다.

정리

공부를 가장 잘하는 레벨을 100으로 두고, 게임 형식으로 레벨을 높여가면 기분도 좋아지고 공부에 대한 이미지도 좋아진다.

우리 아이는 항상 밤늦게까지 TV를 보거나
게임을 해서 늦잠을 자는 일이 많다.
어떻게 하면 아침에 일찍
일어나게 할 수 있을까?

 POSITIVE WORD

아침에 일찍 일어나면
어떤 일이 생길까?

 NEGATIVE WORD

빨리 자!
내일 또 지각하고 싶어!

아이가 밤늦게까지 자지 않아서 "빨리 자! 내일 또 지각하고 싶어!"라고 소리 지르고, 이튿날 아침에는 또 일어나지 못해서 "빨리 일어나! 그래서 어제 일찍 자라고 했잖아!"라는 잔소리가 매일같이 반복된다.

이렇게 매일 아침 아이가 늦잠을 자면 아침부터 화를 내게 되어 부모도 자녀도 하루 종일 기분이 좋지 않을 것이다. 이것은 악순환이라고 말할 수 있다. 또한 아이도 머리가 멍해 집중력이 떨어질 것이다.

코칭에서는 "Do more/Do something different"라는 말이 있다. "Do more"는 잘하는 것을 늘리라는 의미다. "Do something different"는 만약 잘되지 않는다면 방법을 바꾸라는 의미다.

같은 행동을 하면 같은 결과가 나온다. 그러나 패턴을 바꾸면 반드시 결과도 바뀐다. 그렇기 때문에 '성공했을 때의 패턴'과 '실패했을 때의 패턴'을 이해시켜 주는 것부터 시작하면 좋다.

다음 대화에서는 자녀가 아침에 일찍 일어났을 때와 늦게 일어났을 때를 되돌아보며, 아침에 일찍 일어나기 위한 아이디어를 준비했다. 감정카드와 질문카드, 포스트잇을 사용해 자녀와 함께 아침에 일찍 일어나기 위한 아이디어를 내보자.

매일 늦잠을 잘 때
아침에 일찍 일어났을 때를 되돌아보자

 엄마가 할 얘기가 있어.

엄마는 ○○가 아침에 늦게 일어나면 이렇게 돼.

그래서 소리를 지르는 거야.

엄마가 아침에 소리 지르면 너도 기분 나쁘지?

○○는 아침에 어떤 기분으로 일어나고 싶어?

 이런 기분.

 그렇지? 엄마도야.

그럼 아침에 일찍 일어나려면 어떻게 해야 할까?

 음……, 저녁에 목욕을 빨리 해야 해.

 그럼 아침에 늦잠을 자는 이유는 뭘까?

 밤늦게까지 TV를 보거나 게임을 해서.

맞아. 정리하면 아침에 일찍 일어나기 위한 패턴은 '저녁 먹기 전에

> *Point*
>
> 자녀가 낸 아이디어를 포스트잇에 써보자.
> 질문카드를 사용해 아이디어를 넓혀가는
> 것도 좋은 방법이다.

숙제를 한다', '목욕을 빨리 한다', '저녁 9시 30분에는 잠자리에 든

다'가 있네. 반대로 늦잠을 자는 패턴은 '저녁 먹고 난 후에 숙제한

다', '늦게까지 TV를 보거나 게임을 한다'가 있고. 그럼 아침에 일

찍 일어나기 위해서는 무엇을 하는 게 가장 중요할까?

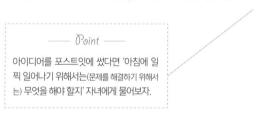

─── *Point* ───

아이디어를 포스트잇에 썼다면 '아침에 일
찍 일어나기 위해서는(문제를 해결하기 위해서
는) 무엇을 해야 할지' 자녀에게 물어보자.

숙제 먼저 하고, TV나 게임은 나중에 해야 해.

그리고 저녁 9시 30분에는 침대에 누워야 하고.

그렇게 안 하면 어떻게 될까?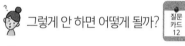

아침에 또 엄마한테 혼날지도 몰라.

—— Memo ——

우선은 성공했을 때의 패턴을 물어본다

먼저 '성공했을 때의 패턴'을 아이에게 물어보는 것이 좋다. 그러면 기분이 밝아져서 '실패했을 때의 패턴'을 긍정적으로 생각할 수 있다.

정리

아침에 일찍 일어났을 때와 늦게 일어났을 때를 되돌아보면서 일찍 일어나기 위한 방법을 자녀가 직접 설명할 수 있도록 도와주자.

우리 아이는 학교 준비물을 자주 깜박한다.
지금까지는 선생님이 잘 돌봐줬지만,
앞으로는 혼자 알아서 잘 챙겨야 한다.

♥ POSITIVE WORD

만약 어제로
돌아간다면
어떻게 하고 싶어?

 NEGATIVE WORD

제대로 준비를
안 하니까 그렇지!

나도 초등학생 때는 준비물을 잘 챙기지 못하는 아이 중의 한 명이었다. 그러나 사실 준비물을 자주 깜박하는 일은 주의 부족을 재검토하는 좋은 계기가 된다. 또한 부모나 선생에게 의지하지 않고 자립하는 기회가 되기도 한다.

코칭에서는 '문제 분리'라는 개념이 있다. 자녀가 준비물을 챙기지 못했을 때 가장 피해를 받는 사람은 누구일까? 그것은 바로 자녀 자신이다. 그러나 준비물을 챙기지 않았을 때 허둥대는 사람은 자녀가 아니라 부모일 것이다.

혹시 학교에서 선생님에게 혼나지는 않을까 걱정스러운 마음에 부모는 준비물을 챙겨 부랴부랴 자녀의 학교로 달려갈지도 모른다.

하지만 아무리 너그러운 부모라도 자녀가 빠트린 준비물을 가지고 매번 학교로 달려갈 수는 없을 것이다. 또한 자녀에게는 '엄마가 안 챙겨줘서 선생님한테 혼났다'며 다른 사람을 탓하는 버릇이 생길지도 모른다. 그렇게 되지 않기 위해서라도 '어떻게 하면 준비물을 잘 챙길 수 있을지'에 대해 자녀와 꼭 대화를 나눠보아야 한다. 그때 준비물을 잊어버린 사람은 부모가 아니라 자녀라는 사실을 깨우쳐주는 것이 중요하다. 앞으로 자녀가 스스로 준비물을 잘 챙길 수 있도록, 준비물을 깜박했을 때를 기회 삼아 대화를 나눠보자.

준비물을 자주 깜박할 때

준비물을 챙기지 못한 것은 자신의 문제라는 것을 알려준다

 엄마, 나 숙제한 거 책상에 놓고 학교 갔잖아.

 그랬어? 안 가지고 간 걸 알았을 때 기분이 어땠어?

─── Point ───

"또 놓고 갔어?"라고 야단치기보다는 놓고 간 걸 알았을 때의 기분을 물어보자. 그것이 개선의 첫걸음이다.

 이랬어. 창피하고, 깜짝 놀랐어.

 그러면 앞으로 준비물을 잘 챙기기 위한 작전을 짜보자.

 좋아.

 만약 어제로 돌아간다면 어떻게 하고 싶어?
질문
카드
4

 숙제한 공책을 바로 가방에 넣고 싶어.

 맞아. 그러면 잊어버리지 않겠네. 만약 숙제한 공책을 가방에

넣지 않으면 어떻게 될까?
질문
카드
12

 또 잊어버리고 안 가지고 가겠지.

그럴지도 모르지.

엄마도 네가 공책을 놓고 간 걸 보고 학교에 가져다주려고 했어.

그런데 엄마 오늘 약속이 있어서 못 가져다준 거야.

사실 엄마도 하루 종일 공책이 신경 쓰여서 기분이 이랬어.

 그랬구나.

 엄마가 물건을 깜박했다면 그건 엄마 책임이야.

하지만 ○○가 준비물을 안 챙겼다면 그건 ○○ 책임인 거야.

엄마도 신경 쓸 테니까 ○○도 준비물 잘 챙길 수 있도록 노력하자.

──── Point ────
준비물을 챙기지 못한 것은 자녀의 책임이
라는 점을 강조한다. 그것이 아이의 자립심
을 키워주는 중요한 포인트다.

 응, 알았어.

 그러면 어떻게 하면 준비물을 잘 챙길 수 있을지 함께 생각해 보자.

어제로 돌아가자

처음부터 "준비물을 잘 챙기기 위해서는 어떻게 해야 할까?"라고 말하기보다는 "어제로 돌아간다면 어떻게 하고 싶어?"라고 물어보는 편이 좋다. 학교에 지각했을 때도 이 질문은 효과적이다.

정리

자녀가 준비물을 자주 깜박한다면 자립심을 키워줄 좋은 기회일지도 모른다. 준비물을 빠트린 것은 본인의 문제라고 일깨워주고, 앞으로 준비물을 잘 챙기기 위한 작전을 함께 세워보자.

좋은 인간관계를 만들어주고 싶을 때

친구와 싸웠을 때

어느 날 학교에서 전화가 왔다.
아이가 친구와 싸웠다고.
아이가 친구와 싸웠을 때는
어떻게 해결해 줘야 할까?

 POSITIVE WORD

사실 친구랑
어떻게 하고 싶었어?

⚡ **NEGATIVE WORD**

친구랑 왜 싸워!
사이좋게 지내야지!

학교에서 "○○가 오늘 친구랑 싸웠어요."라는 전화가 걸려 오면 가슴이 덜컥 내려앉을 것이다. 특히 자녀가 친구 문제로 말썽을 피우면 주변 시선이 따가워지기 때문에 마음도 더 무거워진다.

그러나 사회에서 살아가다 보면 인간관계 문제는 끊임없이 겪게 된다. 어른들의 세계에서도 좋은 뜻에서 한 말이 상대방에게 상처를 주거나 오해를 불러일으키는 경우가 종종 있다. 특히 아이들은 의사소통 능력이 아직 미숙하기 때문에 상대방과 충돌이 일어나는 것을 피할 수 없을지도 모른다.

그러나 자녀가 친구와 싸웠다는 이야기를 들었을 때 부모가 감정적으로 대처하면 사태는 더욱더 복잡하게 흘러간다. 이때는 자녀의 말과 감정에 귀 기울이면서도 중립적으로 냉정하게 상황을 정리하고 판단해야 한다.

다만 꼭 알아둬야 할 점은 아이도 친구와 싸우고 싶어서 싸운 것이 아니라는 점이다. 그리고 문제는 반드시 회복할 수 있다. 서두르지 말고 충돌 뒤에 있는 아이의 기분에 눈을 맞춰보자. 아이의 속마음을 알면 해결책이 보다 쉽게 보일 것이다.

친구와 싸웠을 때

아이의 속마음을 들여다보자

 엄마한테 얘기 들었어. 오늘 학교에서 친구랑 싸웠다면서?

> — *Point* —
>
> 아이가 일으킨 문제를 야단치지 말고, 기분을 물어보고 받아들여 주자. 그러면 자녀는 안심하고 속마음을 털어놓을 것이다.

응, 그래서 나 엄청 슬펐어.

왜 싸웠는지 아빠한테 말해줄래? 감정카드로 말해도 좋아.

A에게 밖에 나가서 놀자고 했는데 이렇게

"싫어!"라고 말했어. 그래서 내가 그러면 같이 TV 보자고 했는데

 A는 또 싫다고 했어.

그랬구나. 그때 ○○는 기분이 어땠어?

나도 이렇게  화나서 "너랑 안 놀아!"라고 말했어.

그리고?

A가 갑자기 웃으면서 다가와서 내가 밀었어.

A를 밀었을 때는 기분이 어땠어?

 이런 기분 이었어.

 ○○는 사실 어떻게 하고 싶었어?

질문
카드
1

 이렇게 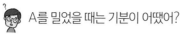 사이좋게 놀고 싶었어.

 그랬구나. 사실은 사이좋게 놀고 싶었구나.

그럼 사이좋게 놀려면 우선은 어떻게 해야 할까?

 밀어서 미안하다고 A한테 말해야 해.

그러고 나서 왜 싫다고 했는지 물어봐야 돼.

 맞아, 친구를 밀지 말고 ○○의 기분을 말로 전해야 해.

— Memo —

부정적인 생각을 밖으로 내뱉게 한다

문제에 대한 나쁜 감정, 부정적인 생각을 내뱉게 해주면 자녀의 기분이 조금은 풀릴 것이다. 그러고 난 후에 '사실은 친구와 어떻게 하고 싶었는지' 물어보면 긍정적인 생각이 나올 것이다.

정리

카드를 가지고 이야기하면서 자녀의 기분과 문제상황을 정리하자. 그러면 '사실은 친구와 어떻게 하고 싶었는지' 자녀의 속마음을 엿볼 수 있을 것이다.

우리 아이는 내성적이어서
친구를 잘 사귀지 못한다.
쉬는 시간에도 친구들과 놀지 못하고
혼자 있다고 해서 걱정이다.

POSITIVE WORD

누구랑 친구가
되고 싶어?

NEGATIVE WORD

바보같이
혼자 있지 말고,
네가 먼저
친구하자고 말해.

자녀가 친구를 사귀지 못하고, 학교나 학원에서 늘 혼자 있다면 기분이 어떨까? 딱히 따돌림을 당하는 것은 아니지만, 부모 입장에서 보면 어떻게 해야 할지 걱정이 될 것이다. 아이들 중에는 친구를 사귀는 방법을 몰라 고민하는 아이도 있고, 상대방의 기분만 생각하며 말을 걸지 못하는 아이도 있다.

아무튼 자녀의 친구관계가 걱정된다면 감정카드를 꼭 사용해 보길 바란다. 누구랑 친구가 되고 싶은지 자녀에게 물어보고, 카드를 사용해 친구 만들기 모의 체험을 해보자. 자신의 감정이 담긴 카드와 친구하고 싶은 아이가 느낄 감정을 카드로 고르게 한 후 각각의 기분이 되어보라고 한다. 그러면 자신과 상대방을 객관적으로 볼 수 있게 되어 자신이 느낀 거리감이 '착각'이었다는 사실을 깨닫게 될 것이다. 그러면 마음의 벽이 허물어져서 친구에게 다가갈 수 있다.

또한 지금은 친구가 되고 싶은 아이가 없거나 딱히 친구가 필요 없는 경우도 있을 것이다. 그런 경우에는 자녀에게 그 이유를 물은 후 억지로 친구를 만들어주려 하지 않는 편이 좋다. 아이는 커가면서 마음도 변한다. 따라서 지금 당장 친구가 없다고 해도 걱정할 필요는 없다.

학교에서 친구를 사귀지 못할 때
친구하고 싶은 아이의 마음이 되어보자

 ○○는 누구랑 친구가 되고 싶어?

 우리 반에 있는 △△.

 그래? △△의 어디가 좋아?

 어른스럽고, 항상 웃고 있고, 예쁜 옷만 입어서.

 △△는 멋쟁이인가 보네.

그럼 어떻게 하면 △△랑 친구가 될 수 있을까?

○○의 지금 마음과 △△의 마음일 것 같은 카드를 골라봐.

그리고 두 사람의 마음의 거리가 얼마큼일지 카드를 움직여봐.

 이기랑 이거 .

---- Point ----

실제로 카드를 움직이면 자신이 상대방에게 느꼈던 심리적 거리감을 눈으로 볼 수 있게 된다.

 ○○는 사실 △△에게 뭐라고 말하고 싶어?

 나랑 친구하자고 말하고 싶어.

 ○○가 그렇게 말하면 △△는 어떤 기분이 들까?

그리고 ○○에게 뭐라고 대답할까?

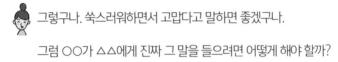 △△는 이런 기분이지 않을까?

나한테 "고마워."라고 말했으면 좋겠어.

그렇구나. 쑥스러워하면서 고맙다고 말하면 좋겠구나.

그럼 ○○가 △△에게 진짜 그 말을 들으려면 어떻게 해야 할까?

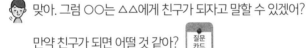 용기를 내서 나랑 친구하자고 말해야 해.

맞아. 그럼 ○○는 △△에게 친구가 되자고 말할 수 있겠어?

만약 친구가 되면 어떨 것 같아?

질문
카드
6

— Point —

질문카드를 사용해 멘탈 리허설을 하자. 그
러면 실제 행동이 쉽게 보일 것이다.

마음속에 있는 거리감의 변화를 느껴보자

대화의 마지막에 자녀 카드의 위치와 친구 카드의 위치 (거리감)가 얼마나 가까워졌는지 물어보자. 처음에 느낀 거리감과 나중에 느낀 거리감의 차이를 눈으로 보면 상대 아이에게 친근감을 갖게 된다.

정리

자신의 마음과 친구하고 싶은 아이의 마음을 카드로 고르게 한 후 각각의 기분이 되어보라고 한다. 그러면 객관적으로 서로를 이해할 수 있게 되어 보다 쉽게 친구를 사귈 수 있다.

좋은 인간관계를 만들어주고 싶을 때

형제끼리 싸움이 끊이지 않을 때

3

형제끼리 항상 싸우고 화를 낸다.
그럴 때면 부모는 특히 첫째를
야단치게 되는데, 형제끼리 싸웠을 때의
올바른 대처법은 없을까?

 POSITIVE WORD

엄마는
너희들 마음을 잘 알아.

 NEGATIVE WORD

형(언니)이니까 참아야지!
동생한테 그러면 안 돼!

'TV 쟁탈전', '누구 과자가 더 큰가', '게임할 차례' 등 어른에게는 사소한 일도 아이에게는 한 걸음도 양보할 수 없는 중대사항이다. 이럴 때 부모가 형제 중 어느 한 명의 편만 들면 나머지 아이는 서운함을 느끼게 된다. 특히 부모는 첫째 아이에게 "형(언니)이니까 참아야지(양보해야지)." "형(언니)이니까 먼저 미안하다고 사과해."라고 엄하게 말할지도 모른다. 그러나 부모가 첫째 아이에게 이런 말을 반복하면 그 아이는 불만을 품고 부모가 보지 않을 때 동생을 괴롭힐 위험도 있다.

형제끼리 싸울 때는 누가 잘못했는지, 누가 먼저 시비를 걸었는지 부모가 심판을 내리지 않는 것이 중요하다. 또한 두 사람의 말을 동시에 듣는 것이 아니라 한 사람씩 불러서 이야기를 들어주고 마음을 풀어줘야 해결이 빨라진다.

자녀의 이야기를 들을 때는 우선 첫째 아이의 이야기부터 듣는 것이 좋다. 첫째 아이는 싸움이 일어나지 않았을 때도 무의식적으로 동생에게 많이 양보하기 때문이다. 첫째는 동생이 태어나기 전까지는 부모의 사랑을 한 몸에 받지만, 동생이 태어나면 그 사랑이 동생에게 쏠린다. 그 외로움과 쓸쓸함은 말할 수 없이 클 것이다. 따라서 우선은 첫째 아이의 기분을 먼저 받아주자. 그러면 형제끼리의 싸움과 충돌이 많이 줄어들 것이다.

형제끼리 싸움이 끊이지 않을 때
첫째 아이부터 불러 이야기를 들어주자

 ○○가 형이라서 많이 참고 있는 거 엄마도 알아.

 응, 동생은 맨날 자기 마음대로만 해.

 엄마도 너였다면 같은 기분이 들었을 거야.

　　　동생한테 어떤 기분이 들었는지 카드로 말해줄래?

> ─ *Point* ─
> "엄마도 너와 똑같은 기분이야."라고 하면 곧이 듣지 않을 수 있지만, "엄마도 너였다면……"이라고 말하면 자녀의 입장에서 이야기한 느낌을 줄 수 있다.

 이거랑  이거.

 그렇구나.

質問
카드
11

　　　(카드를 가리키며) 그때 어떤 일이 있었는지 알려줄래?

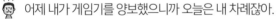

 어제 내가 게임기를 양보했으니까 오늘은 내 차례잖아.

　　　그래서 동생한테 게임기 달라고 했더니 "형, 미워!"라면서

　　　안 주는 거야. 그래서 동생이 미워서 내가 때렸어.

 그런 일이 있었구나. 동생을 때렸을 땐 기분이 어땠어?

이런 기분. 동생이 갑자기 울어서 당황했어.

 그런 기분이 들었구나.

만약 동생을 때리기 전으로 돌아간다면 어떻게 하고 싶어?

질문 카드 4

 때리지 않고, 게임기를 달라고 좋게 말하고 싶어.

 동생이 울어서 미안했어?

동생한테 게임기를 받으려면 어떻게 해야 할까?

—— *Point* ——

자녀가 화난 마음을 공감해 주자. 그러면 서
서히 냉정을 되찾을 것이다.

 모르겠어.

 엄마가 조금 있다가 동생이랑 얘기해 볼게.

그다음엔 우리 셋이서 같이 얘기해 보자.

 알았어.

다 같이 앞으로의 법칙을 만들자

부모가 자녀를 한 사람씩 불러 이야기를 다 듣고 날 때쯤이면 아이들도 격해졌던 감정이 가라앉을 것이다. 그러면 두 아이를 한자리에 불러 각각 반성할 점을 물어보고, 똑같은 싸움이 반복되지 않도록 스스로 법칙을 정하도록 한다.

정리

형제가 싸웠다면 첫째 아이의 기분부터 물어보자. 이렇게 한 명씩 불러 이야기를 듣고 난 후 마지막에는 다 같이 모여 싸우지 않는 방법에 대해 서로 이야기한다.

좋은 인간관계를 만들어주고 싶을 때

따돌림을 당하고 있는 것 같을 때

아이가 직접 말하지는 않았지만,
우리 아이는 학교에서
따돌림을 당하고 있는 것 같다.
아이의 친구관계에 대해 물어볼
방법은 없을까?

POSITIVE WORD

이제 괜찮아.
넌 혼자가 아니야.

NEGATIVE WORD

너 설마
왕따 당하는 건 아니지?

어른들이 꼭 알아두었으면 하는 것이 있다. 왕따라는 것은 어떤 아이라도 피해자가 될 수도, 가해자가 될 수도 있다. '왕따 추적조사 2013~2015'의 조사결과에 의하면 초등학교 4학년 때부터 중학교 3학년 때까지 6년 동안 괴롭힘, 무시, 험담 등 '따돌림을 당한 적이 있다'고 대답한 학생은 90퍼센트였다. 또한 '친구를 따돌린 적이 있다'고 대답한 학생은 79퍼센트였다. 이처럼 우리 자녀가 왕따의 피해자나 가해자가 될 수 있다는 사실을 꼭 받아들였으면 한다. 그리고 부모는 자녀의 이야기를 '심각'하게 가 아니라 '진지'하게 들어줘야 한다. 부모가 심각해지면 사태가 필요 이상으로 커져서 자녀의 마음에 부담이 생길 수 있다.

또한 자녀의 이야기를 듣기 전에 부모에게 당부하고 싶은 것이 있다. 그것은 '부모의 마음의 여유'다. 따돌림 당하는 아이는 '부모님을 속상하게 만들고 싶지 않다', '일을 크게 키우고 싶지 않다' 등 다양한 내적 갈등을 품고 있을 것이다. 이런 이유에서 부모에게 사실을 털어놓지 않는 것이지만, 속으로는 도움을 바라고 있을지도 모른다. 그때 부모가 초조해하거나 "네가 어떻게 했길래 그래!"라고 꾸짖으면 자녀는 마음의 문을 닫아버린다. 그렇기 때문에 부모 자신이 마음의 여유를 갖고 자녀의 말에 귀 기울여야 한다. 자녀가 고민을 털어놓으면, 용기를 갖고 속마음을 말한 것에 고마움을 표하고 "이제 괜찮아." 하고 사실을 있는 그대로 받아들여 주자.

따돌림을 당하고 있는 것 같을 때

자녀의 이야기를 듣기 전에 부모가 마음의 여유를 가져야

따돌림을 당해서 가장 괴로운 사람은 아이 자신이다. 냉정하게 이야기를 듣고, 보다 좋은 해결 방법을 찾기 위해서라도 부모는 자신의 마음을 정리해야 한다. 자녀의 이야기를 듣기 전에 반드시 카드를 사용해서 자신의 마음과 마주하자. 감정카드와 질문카드를 준비해 놓고 '지금 어떤 기분인지', '어떤 질문을 해야 하는지' 자기 자신에게 물으면서 카드를 선택하자. 카드는 자신의 감정을 발견해 줄 것이다. 이를테면,

 → 정말 왕따 당하고 있는 거라면 어떡하지? 속상해.

 → 왕따를 눈치 채지 못한 나와, 왕따 시킨 아이와,

그 부모까지 용서할 수 없어!

 → 왜 우리 아이지? 그 이유를 알고 싶어!

 → ×× 선생님과 △△ 엄마에게 말하면 힘이 될 텐데.

자신의 감정을 확인하면 냉정을 되찾을 수 있기 때문에 반드

시 속으로 감정을 확인하길 바란다. 마음이 안정된 후에 자녀와 함께 이야기하자. 엄마, 아빠, 자녀, 이렇게 셋이서 대화를 나눠도 좋을 것이다.

 요즘 학교에서 무슨 일 있어?

○○의 모습이 평소와 달라 보여서.

엄마도 아빠도 항상 네 편이니까,

지금 어떤 기분인지 카드로 말해줄래?

 음……, 이런 기분.

그렇구나. 말해줘서 고마워.

그럼 왜 그런 기분인지 조금 더 자세하게 말해줄래?

나랑 친했던 친구들이 갑자기 나를 무시하는 거야.

내가 무슨 잘못을 했는지 생각해 봤지만, 전혀 모르겠어.

 응, 그래. 이제 걱정하지 마.

어떻게 해야 좋을지 아빠랑 엄마랑 같이 생각해 보자.

지금은 이런 기분 이지만,

사실은 친구들이랑 어떻게 지내고 싶은지 카드를 골라볼래?

이거. 사실은 다 같이 사이좋게 놀고 싶어.

 그렇구나. 친구들이 무시하는데도 ○○는 친구들이랑

사이좋게 놀고 싶어 하고, ○○는 착하네. 엄마 눈물 나려고 해.

 엄마, 울지 마.

알았어. 그럼 친구들이랑 다시 사이좋게 지내려면

어떻게 해야 할까? ○○는 친구를 생각하면 어떤 기분이 들어?

 이런 기분.

친구들이 나를 또 무시할까 봐 무서워서 말을 못 걸겠어.

 그래, 말 걸기가 무섭구나.

그 친구들 중에서 누구에게 가장 먼저 말을 걸고 싶니?

 △△. 그 친구들 중에서도 나랑 가장 친했고, 제일 착하니까.

 응, 그래. △△가 너랑 제일 친했지.

그러면 그 아이에게 뭐라고 말 걸고 싶어?

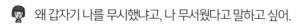 왜 갑자기 나를 무시했냐고, 나 무서웠다고 말하고 싶어.

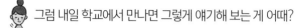 그럼 내일 학교에서 만나면 그렇게 얘기해 보는 게 어때?

다른 아이들도 있어서 말하기 무서워.

직접 말하는 게 무서우면 편지를 써서 줘도 되잖아?

편지? 그건 할 수 있을 것 같아.

다른 친구들 몰래 △△에게 편지를 줄까?

그런데 편지에 뭐라고 쓰지?

 ○○는 편지로 어떤 마음을 전하고 싶어? 카드를 골라봐.

 이거랑 이거랑 이거.

그 카드에 담긴 솔직한 마음을 글로 써보는 건 어떨까?

응, 할 수 있을 것 같아.

내가 편지 다 쓰면 엄마, 아빠한테도 보여줄게.

편지로 마음을 전하는 것도 효과적이다

상대 아이에게 말하기 어렵다면 편지를 쓰는 것도 좋은
방법이다. 편지를 읽어준 것에 대한 감사(현재)→힘들었
던 마음(과거)→진짜 마음(미래) 순서로 편지를 쓰면 상
대 아이에게 진심이 전해질 것이다.

정리

자녀의 이야기를 듣기 전에 부모가 자신의 마음을 먼저 정리하
자. 냉정을 되찾으면 해결책이 쉽게 보일 것이다.

좋은 인간관계를 만들어주고 싶을 때

5

도무지 부모 말을 듣지 않을 때

우리 아이는 좋게 말하면 듣질 않는다.
항상 야단을 쳐야만 말을 듣는데,
내 말을 듣게 하려면 어떻게 해야 할까?

 POSITIVE WORD

엄마는 이렇게 하는 게
좋을 것 같은데,
네 생각은 어때?

 NEGATIVE WORD

엄마 말 좀 들으라고!
보통은 이렇게 하는 게
맞는 거야!

116

아이에게 주의를 줘도 전혀 듣질 않는다. 몇 번이나 같은 소리를 반복한다. 이럴 때 '도대체 어떻게 말해야 알아들을지' 부모의 마음은 무척 답답할 것이다.

어쩌면 부모가 평소에 '이렇게 해라', '저렇게 해라' 일방통행으로 말하거나, "너는 왜 항상 말을 안 듣니!"라며 '너 메시지'로 말했기 때문일지도 모른다.

아무리 그 말이 맞아도 사람은 이치대로 움직이지 않는다. 자신이 깨닫지 못하면 마음이 움직이지 않기 때문이다.

우리가 어렸을 때를 떠올려 보자. 우리는 어렸을 때 누구의 말(어떤 말투)을 따랐을까? 그때를 되돌아보면 힌트가 나올 것이다.

또한 실제로 자녀에게 물어보는 것을 추천한다. "엄마는 평소에 ○○에게 어떤 말투로 말해?" "엄마가 그렇게 말하면 ○○는 기분이 어때?" 하고 말이다. 자녀의 솔직한 대답에 충격을 받을지도 모르지만, 지금까지 알지 못했던 자신의 말투를 깨닫게 되는 좋은 계기가 될 것이다. 또 나아가 커뮤니케이션 능력을 키울 좋은 기회가 될 수 있다.

"엄마도 앞으로 말할 때 조심하겠지만, ○○도 엄마 말을 잘 들어주면 좋겠어." 이렇게 자녀에게 부탁하면 '말하는 사람', '듣는 사람'의 문제점을 모두 고칠 수 있다.

도무지 부모 말을 듣지 않을 때

부모의 말투에 대해서 물어보자

 엄마가 물어보고 싶은 게 있어.

엄마는 ○○한테 말할 때 어떻게 말해?

카드로 표현하면 어떤 거야?

 크크크. 이거랑 이거!

 이 카드가 뭔데?

 뭔가 화난 거랑 말하기 싫어서 머뭇거리는 느낌.

 그래? 엄마가 그런 식으로 말하면 ○○의 기분은 어때?

 이렇게 시끄러울 때도 있고, 이렇게

엄마 말을 듣고 싶지 않을 때도 있어.

 그렇구나. 말해줘서 고마워.

그럼 앞으로 엄마가 어떻게 말하면 좋겠어?

 이렇게.

이건 어떤 기분인데?

 친절한 기분.

 아, 친절한 기분. 앞으로는 친절하게 말하도록 노력할게.

그러면 엄마도 부탁 하나 할게. 엄마 말을 항상

이렇게 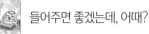 들어주면 좋겠는데, 어때?

 Point

부모가 부탁할 일이 있다면 먼저 아이의 요구를 들어준 후에 부탁하자. 그러면 자녀도 부모의 부탁을 흔쾌히 들어줄 것이다.

 엥? 그 카드 뭐야? 이렇게 해도 되는 거야?

 응, 맞아. 그렇게 해도 돼.

우리 앞으로는 서로 기분 좋게 말하고 들어주자.

—— *Memo* ——

먼저 말하기보다는 자녀의 생각을 들어준다

자녀가 커가면서 부모는 자녀에게 요구사항이 많아지지만, 사실 자녀와 대화할 때는 자녀의 생각을 들어주는 것에 비중을 둬야 한다. 그래야 자녀도 귀를 열고 부모 말을 들어주기 때문이다. 이것은 자녀의 자립심을 키워주는 일이기도 하다.

정리

우선은 부모의 평소 말투부터 물어보자. 그런 다음 부모의 말을 잘 들어달라고 자녀에게 부탁하자.

실패가 두려워서 도전하지 않을 때

우리 아이는 실패를 두려워하며
새로운 일에 도전하지 않는다.
피하지 않고 다양한 일에
도전하는 아이로 만들어주려면
어떻게 해야 할까?

 POSITIVE WORD

엄마가 실패한 얘기
들려줄까?

 NEGATIVE WORD

실패를 두려워하면
절대 성공 못 해!

한번 상상해 보자. 사람의 마음속에는 '용기의 댐'이 있다. 아기였을 때는 '용기의 댐'에 물이 가득 차 있다. 그래서 아기들은 다양한 일에 도전하는 것이다. 말하고 싶을 때는 옹알옹알거리면서 말하는 연습을 한다. 걷고 싶을 때는 테이블을 잡고 넘어지기를 반복하면서 걷는 연습을 한다. 넘어졌을 때 "엄마, 난 능력이 없나 봐. 걷는 것은 포기할래."라고 말하는 아기는 이 세상에 없을 것이다.

그러나 사람은 성장하면서 할 수 있는 일이 늘어나는 한편 할 수 없는 일도 늘어나게 된다. 부모님이나 학교 선생님에게 단점을 지적받기도 하고, 주변 친구들과 비교당하기도 한다. 그러면 할 수 없는 일이 눈덩이처럼 불어나 '용기의 댐'에 구멍이 생기기 시작한다. 이런 식으로 '용기의 댐'에 가득했던 물이 서서히 말라간다.

실패를 두려워한 나머지 도전하지 않는 이유는 바로 이것 때문이다. 하지만 우리가 잊고 있을 뿐, 도전은 언제나 즐겁다.

자녀가 실패를 두려워한다면 부모가 직접 도전하는 모습을 보여주길 바란다. 그리고 부모도 자녀처럼 실패가 두려워 겁낸 적이 있다고 말해주자. 이렇게 서로 응원해 주면 '용기의 댐'에는 또다시 물이 차오를 것이다.

실패가 두려워서 도전하지 않을 때
부모가 직접 도전하는 모습을 보여주자

 엄마 어렸을 때 꿈이 뭔지 알아? 엄마는 사실 가수가 되고 싶었어.

그런데 어떤 사람이 "가수가 되고 싶은 사람은 엄청나게 많고,

재능이 없으면 절대 성공할 수 없어."라고 말해서

두려운 마음이 들어 그 꿈을 포기했어.

— Point —

아이들은 어른의 실패담을 좋아한다. "엄마도 실패를 두려워한 적이 있었어."라고 진심을 담아 말하자.

 정말?

 엄마는 그때 이런 기분 으로 노래를 잘하는 사람과

엄마를 비교했어. ○○도 그런 기분 느낀 적 있지?

 응.

 어떨 때 그런 기분이 들어?

 음악 시간에 합창할 때 피아노를 치고 싶었는데,

나보다 피아노를 더 잘 치는 애가 있어서 내가 피아노 치고 싶다고

말하지 못했어. 그때 나도 엄마랑 똑같은 마음이 들었어.

그랬구나. 엄마도 그 기분 잘 알지. 그때 기분이 어땠어?

 이런 기분이었어.

 그랬구나. 그런 기분이었구나.

엄마도 가수의 꿈을 포기하고 정말 많이 후회했어.

그래서 지금이라도 노래를 부르고 싶어서 보컬 학원에

등록한 거야. 엄마 응원해 줄 거지?

 정말? 엄마 이제 보컬 학원 다녀?

그럼 내가 응원해 줄게.

 고마워. ○○는 앞으로 뭘 해보고 싶어?

 음……, 외국에 나가보고 싶어. 이런 기분으로.

 와! 멋진데! 엄마도 응원해 줄 테니까 우리 같이 열심히 해보자!

질문
카드
2

— Memo —

세상에서 가장 큰 '내 편'이 되어주자

응원은 자녀에게 자신감을 심어준다. 응원이 바로 세상에서 제일 큰 '내 편'이 되어주는 것이다. 부모가 자녀 편이 되어주면 자녀는 용기를 갖고 어떤 일에든 도전할 수 있게 된다.

정리

부모나 어른의 실패담은 아이의 마음을 열어준다. 서로 도전을 응원해 주면 앞으로 나아갈 용기가 날 것이다.

자신감과 자기긍정을 키워주고 싶을 때

'아무거나'가 입버릇일 때

"뭘로 할래?"
"뭐 먹고 싶어?"라고 물어도
"아무거나."라고 대답하는 것이
우리 아이의 버릇이다.
자기주장이 약한 것 같아 고민이다.

 POSITIVE WORD

너는 뭘 싫어해?

 NEGATIVE WORD

무슨 생각을 하는지
엄마가 모르잖아?
똑바로 말하라고!

본인의 의사를 물어도 "아무거나."라고 대답한다. 이러면 부모는 자녀의 마음을 몰라 답답할 것이다. 그리고 부모는 자녀의 속마음이 궁금하고 걱정될 것이다.

자녀는 진짜 아무거나 좋아서 그렇게 대답할 때도 있고, 자신의 진짜 마음을 몰라 그렇게 대답할 때도 있다. 특히 배려 깊고 속 깊은 아이일수록 주변 사람의 눈치를 많이 보고 자기주장을 펼치지 못한다. 다른 사람의 의견을 따르면 쓸데없는 분란이 일어나지 않기 때문이다. 하지만 계속해서 그런 행동을 반복하다 보면 자신의 속마음을 전혀 모르게 된다.

누구에게나 인생은 한 번뿐이다. 언젠가 죽음이 다가왔을 때 "사실은 이걸 하고 싶었는데." "왜 이걸 하지 않았지?"라는 후회는 될 수 있으면 하지 말아야 한다. 그러기 위해서도 우리는 자신의 속마음에 솔직해져야 한다.

무엇을 원하는지 자녀가 말하지 않을 때는 거꾸로 '무엇이 싫은지' 반대 질문을 하는 것이 좋다. 그러면 자녀의 속마음을 쉽게 이끌어낼 수 있다.

'아무거나'가 입버릇일 때

'뭐가 싫어?'라는 반대 질문으로 본심을 묻는다

 엄마는 다른 사람을 위해 하고 싶은 걸 참은 적이 있는데,

혹시 ○○도 그런 적 있어?

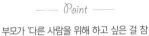

Point

부모가 '다른 사람을 위해 하고 싶은 걸 참았던 경험', '결정을 내리지 못해 기회를 놓쳤던 경험'을 이야기하면 자녀도 자신이 겪었던 비슷한 일을 말해줄 것이다.

 응, 있어.

 ○○도 그런 경험이 있구나.

어떨 때 그랬어? 질문 카드 11

 나한테 정말 좋은 생각이 있었는데,

반장의 의견을 따랐다가 실패한 적이 있어.

그래서 '그냥 내 생각대로 할걸.'이라고 후회했어.

 카드로 말하면 어떤 기분이었어?

 음, 이거. 후회하는 기분.

 그래? ○○는 그때 실은 어떻게 하고 싶었어? 질문 카드 1

 어떻게 하고 싶었냐고? 음……, 글쎄.

127

그럼 그때 어떻게 하기 싫었어?

> ───── Point ─────
> '어떻게 하고 싶었는지' 물었을 때 대답이
> 나오지 않는다면, 반대로 '어떻게 하기 싫었
> 는지' 물어보자. 그러면 속마음이 쉽게 나올
> 것이다.

 반장의 의견을 그대로 따르기가 싫었어.

나는 반장이 틀렸다는 걸 알고 있었거든.

그래서 나중에 '뭐야! 내 말이 맞잖아!'라고 생각했어.

 그렇구나. 그럼 그때 어떻게 하면 좋았을 것 같아?

 내 생각을 말했으면 좋았을 것 같아.

 맞아. 또 그런 일이 생겼을 때 ○○가 이번처럼

아무 말도 못 한다면 기분이 어떨까?
질문
카드
10

 속상할 것 같아.

 그럼 속상하지 않으려면 어떻게 해야 할까?
질문
카드
10

정리

자신의 의견이나 기분을 말하지 못해 속상했던 경험을 물으면
'사실은 어떻게 하고 싶었는지', '뭐가 싫었는지'가 명확해진다.

자신감과 자기긍정을 키워주고 싶을 때 **3**
'아무 일 없어'라고만 말할 때

아이가 학교에서 돌아왔을 때
평소와 다른 모습이어서
"오늘 학교에서 무슨 일 있었어?"라고
물었더니 "아무것도 아니야."라고 대답했다.
이럴 땐 어떻게 해야 할까?

♥ POSITIVE WORD

엄마는 너를
정말 많이 사랑해.
엄마는 항상 네 편이야.

⚡ NEGATIVE WORD

무슨 일 있었던 것 같은데?
정말 아무 일도 없었어?

자존심이 센 아이일수록 힘든 일이 있을 때 '아무 일도 없다' 고 대답하기 쉽다. 스스로 어떻게든 문제를 해결하려고 하기 때문이다. 또한 말할 수 없을 정도로 큰 충격이거나 두 번 다시 떠올리고 싶지 않을 정도로 괴롭기 때문에 말하지 않는 경우도 있다.

부모는 도와주고 싶은 마음에 자녀에게 다가가 질문을 하는 것이지만, 이때는 다가가면 다가갈수록 마치 자석의 N극끼리 부딪히듯 서로 멀어질 것이다. 본인이 아직 말할 준비가 되어 있지 않다면 부모나 어른은 아이를 믿고 기다려줘야 한다.

우리가 어렸을 때를 떠올려 보자. 힘들었던 일이나 슬펐던 일, 충격적인 일이 있었을 때 어떤 기분으로 집에 돌아갔는가? 그럴 때 우리의 부모님이 어떻게 대해주길 바랐는가?

필요 이상으로 다가오는 것이 아니라 평소처럼 식탁에 따뜻한 밥이 올라오길 바랐을 것이다. 가족이 평소처럼 웃으며 식사하는 모습을 보고 어느새 마음이 풀렸을 것이다.

이럴 때 부모가 자녀에게 "나는 항상 네 편이야."라는 말을 건네면 지금 당장은 마음이 열리지 않아도 그 마음에는 반드시 애정이 가득 찰 것이다.

아이에게 무슨 일이 있었는지 지금 당장 대답을 강요하기보다는 좋은 타이밍이 왔을 때 이야기를 붙여보자. 부모는 자녀를 따뜻한 시선으로 지켜봐 주는 존재여야 한다.

'아무 일 없어'라고만 말할 때

억지로 묻지 않고 애정을 보여준다

— 딸이 학교에서 돌아왔지만 평소와 달리 표정도 목소리도 어둡다.—

 다녀왔습니다.

 어서 와. 어? 표정이 안 좋아 보이는데, 무슨 일 있어?

 아니, 아무 일도 없어.

— 그대로 자기 방에 들어가 몇 십 분 동안 나오지 않는다. 그 모습을 본 엄마
가 딸의 방에 들어간다.—

 (똑똑) 엄마 잠깐 들어갈게.

 …….

 오늘 학교에서 무슨 일 있었어?

말하고 싶지 않으면 말 안 해도 되고.

 …….

 이건 엄마 혼잣말이야.

○○는 착한 아이가 아니라도 좋아.

> —— *Point* ——
>
> 말을 했는데도 대답이 없거나 아무 일도 없
> 다는 대답이 돌아온다면 자녀 옆에 앉아 등
> 을 쓰다듬으며 잠깐이라도 함께 시간을 보
> 내자. 그것만으로도 자녀에게는 부모의 따
> 뜻한 애정이 전해질 것이다.

좋은 딸이 아니어도 좋고.

엄마는 네가 여기에 있는 것만으로도 좋아.

엄마는 ○○를 정말 많이 사랑해.

그럼, 엄마 저녁 준비하러 갈게.

오늘은 ○○가 좋아하는 치킨 만들 거야.

— 저녁식사 시간이 되어도 딸이 방에서 나오지 않자 엄마는 치킨을 들고 딸의 방으로 간다. 딸이 아직 말할 준비가 안 되어 있을 수도 있기 때문에 엄마의 마음을 전하는 카드도 함께 들고 간다.—

 ○○야, 엄마가 치킨 가지고 왔어. 여기에 둘게.

이건 엄마의 마음이야.

○○가 얘기하고 싶을 때 카드로 엄마에게 말해줘.

───── *Point* ─────

아이에게 부모의 마음을 전할 때도 카드가 유용하게 쓰인다. '말하지 않아서 슬프다'는 카드가 아니라 아이에게 애정을 전하는 카드를 고르면 좋을 것이다.

— Memo —

마음으로 응원해 준다

오늘 무슨 일이 있었는지 억지로 묻지 말고, "엄마는 너를 정말 많이 사랑해."라는 말로 존재 자체를 따뜻하게 받아주자. 아이의 간식에 "엄마는 항상 네 편이야." "엄마에게 털어놔도 돼."라는 쪽지를 넣어도 좋을 것이다.

정리

아이가 말하고 싶어 하지 않을 때는 억지로 묻지 말고 애정을 보여주자. 그러면 어느새 마음을 열고 오늘 무슨 일이 있었는지 말해줄 것이다.

자신감과 자기긍정을 키워주고 싶을 때

모든 일을 귀찮아할 때

4

우리 아이는 모든 걸 귀찮아하면서
해야 할 일을 뒤로 미룬다.
그래서 시간에 쫓기는 악순환이 반복된다.
어떻게 하면 아이에게 의욕을
심어줄 수 있을까?

 POSITIVE WORD

지금 의욕 미터
몇 점이야?

 NEGATIVE WORD

빨리빨리 좀 해!
왜 이렇게 맨날
뒤로 미루니!

의욕은 보일러의 온수 버튼처럼 누르기만 하면 나오는 것이 아니다. 마치 온천처럼 우리 안에는 뜨거운 원천이 있다. 그리고 언제라도 뜨거운 물이 터져 나오기만을 기다리고 있다. 의욕은 어느 아이에게나 반드시 '있다'고 믿어야 한다. 그리고 다양한 각도와 장소, 방법을 사용해서 그 의욕을 파나가야 한다.

의욕이 있는지 없는지는 다른 사람이 판단하는 것이 아니다. 본인만이 알 수 있는 것이다. 이처럼 의욕은 눈에 보이지 않지만 수치로 만들면 쉽게 파악할 수 있다. 이것이 바로 코칭에서 자주 사용하는 '의욕 미터'다. 지금 의욕 미터는 10점 만점 중 몇 점인지 아이에게 물으면 자신의 의욕을 파악할 수 있게 되고, 무엇에 의욕이 생기는지(재미를 느끼는지), 반대로 무엇에 의욕이 떨어지는지(싫어하는지) 분석할 수 있게 된다.

이것은 어른도 해보면 재미있을 것이다. 실제로 자녀에게 묻기 전에 부모가 자신의 '의욕 미터'를 측정하고 그 점수를 말해주면 자녀도 흥미를 가질 것이다. 만약 '의욕 미터'가 10점 만점 중 7점이라면 나머지 3점을 무엇으로 채울지, 놀이를 하는 느낌으로 자녀와 대화해 보자. 그러면 어느샌가 자녀에게 의욕이 샘솟기 시작할 것이다.

모든 일을 귀찮아할 때
'의욕 미터'로 지금의 의욕 정도를 측정한다

 엄마한테 재밌는 생각이 있어.

'의욕 미터'로 지금 의욕이 몇 점인지 생각해 보는 거야.

엄마는 지금 10점 만점 중에 8점이라고 생각해.

> ── *Point* ──
>
> 자신의 의욕 점수를 말하면 '눈에 보이지 않
> 는 것도 보여줄 수 있다'는 생각을 자녀에게
> 심어줄 수 있다.

 왜 8점이야?

 오늘은 엄마 생일이거든.

그래서 저녁에 맛있는 음식을 만들려고.

 아, 그렇구나. 엄마 생일 축하해. 그런데 왜 10점이 아니야?

 아빠가 오늘 엄마 생일인 거 모를까 봐 걱정돼서(웃음).

○○의 의욕 미터는 몇 점이야?

질문
카드
14

 음……, 6점.

 왜 6점이라고 생각해?

질문
카드
15

— Point —
지금의 '의욕 미터'에 대해 왜 그 점수인지
자녀에게 물어보자.

 오늘 엄마 생일파티랑 내일 친구네 집에 놀러 갈 걸 생각하면

신나지만, 다음 주에 하는 운동회 연습이 하기 싫어서 4점을 뺐어.

 그럼 '의욕 미터'가 10점 만점이라면 기분이 어떨까?

카드로 말해볼래?

 이거. '운동회 파이팅!' 이런 기분.

 그렇구나. 그럼 7점은 어떤 기분일까?

 이런 기분. '힘내자!' 하는 기분이 7점.

 그럼 7점이 되기 위해서 우선 무엇을 하고 싶어?

질문
카드
9

 우선 체육복을 준비하고, 새 운동화도 갖고 싶어.

정리

'의욕 미터'로 지금의 의욕 정도를 측정하자. 의욕 만점이 되기 위해서 무엇이 필요한지 생각하고 한발 나아가보자.

꿈에 대해 이야기하고 싶을 때

자녀의 꿈을 물어보고 싶을 때

1

어렸을 때는 '축구선수'가 되고 싶다던 아이가
최근에는 '꿈이 없다'고 말한다.

 POSITIVE WORD

사실은 커서 뭐가
되고 싶어? 혹시 이게 되고
싶지는 않아?

 NEGATIVE WORD

왜 꿈이 없어?
벌써부터 꿈이 없으면
어떻게 하려고 해!

아이는 어렸을 때 다양한 꿈을 꾸지만, 성장하면서 꿈이 없어지기도 한다. 그리고 어느샌가 꿈에 대해 말하는 것 자체를 부끄러워할 때가 온다. '하고 싶다/하기 싫다'라고 생각하는 아이의 마음에서 '할 수 있다/할 수 없다'라고 생각하는 어른의 마음으로 변화해 가기 때문이다. 이처럼 아이의 마음은 '두근거림'으로 가득 차 있지만 어른의 마음은 '현실'로 가득 차 있다.

어렸을 때는 마음에 두근거림이 가득 차 있기 때문에 아이돌 가수가 꿈인 아이는 아무 데서나 노래를 부르고 춤을 춘다. '할 수 있다/할 수 없다'가 아니라 '하고 싶다'는 감정에 따라 행동하기 때문이다. 그러나 아이는 나이가 들면서 현실을 알게 된다. 스스로 '이룰 수 없는 꿈'이라고 생각하면 꿈에 대한 두근거림은 줄어들게 된다. 그러면 '실현 가능할까?' '정말 그게 되고 싶은가?'를 머릿속으로 생각하기 시작한다.

꿈을 이루기 위해서는 현실도 중요하지만 마음속의 두근거림 또한 중요하다. 두근거림은 '꿈을 보는 힘'이고, 현실은 '꿈을 만드는 힘'이기 때문이다. 꿈이 멀리 있을 때는 현실이 커지고, 두근거림은 그 현실 뒤에 숨어버린다.

하지만 '무엇을 할 때 즐거운지', '무엇을 할 때 두근거리는지' 그 기분을 들여다보면 조금씩 꿈의 조각들이 보일 것이다.

Case

자녀의 꿈을 물어보고 싶을 때

꿈의 밑바탕에 있는 두근거림의 포인트를 찾자

 학교에서 꿈에 대해 말해보라고 하는데, 나는 꿈이 뭔지 모르겠어.

 ○○는 지금 어떤 기분이야?

반대로 꿈을 찾으면 기분이 어떨 것 같아?

 지금은 이런 기분 이야.

그런데 꿈을 찾으면 이런 기분 이 될 것 같아.

─── Point ───

'모르겠다는 마음'으로 생각하면 제자리를 맴돌게 된다. 이럴 때는 '찾고 싶다'는 의욕을 높여주자.

 그럼 모든 걸 다 할 수 있다면 무엇을 하고 싶어?

 그걸 잘 모르겠어. 축구선수가 되고 싶기도 하지만…….

 왜 '하지만'이야?

 내가 지금 학교에서 축구를 제일 잘하는 것도 아닌데,

축구선수가 될 리가 없잖아.

그렇구나. 축구선수가 안 될 것 같다고 생각했을 때는

기분이 어땠어?

 이랬어. 갑자기 의욕이 사라졌어.

 ○○는 어떤 선수가 되고 싶어?

 메시 같은 선수. 골을 많이 넣어서 팀을 우승으로 이끄는 선수.

——— *Point* ———

처음 그 꿈을 꾸게 된 동기나 그 분야 최고
의 인물을 물어보면 두근거림의 포인트를
찾을 수 있다.

 메시? 멋진데. 아빠는 꼭 축구선수가 아니라도 좋다고 생각해.

○○가 즐겁게 할 수 있는 일이라면 뭐든지 좋지 않을까?

 응, 즐겁게 할 수 있는 일이라면 좋을 것 같아.

 만약 메시가 지금 여기 있다면 뭐라고 조언해 줄까?

 응원하겠다고 말해줄 거야.

꿈은 아직 확실하지 않지만 메시처럼 훌륭한 사람이 되고 싶어.

두근거림의 포인트가 힌트다

꿈을 '하나의 직업'으로 생각하면 찾기 어려워지지만 '축구가 재밌다', '물건을 만드는 것이 즐겁다'처럼 두근거림의 포인트를 찾아주면 보다 넓은 시점으로 꿈을 찾을 수 있게 된다.

정리

자녀가 꿈을 잃더라도 당황해서는 안 된다. 자녀의 기분을 물으면서 천천히 꿈을 찾아주자.

꿈에 대해 이야기하고 싶을 때

꿈을 물어보는 것을 싫어할 때

우리 아이는 꿈을 물어보면
항상 짜증을 낸다.
최근 꿈에 대해 말해주지 않아
조금 걱정이 된다.

 POSITIVE WORD

우리 아들은
뭘 해보고 싶어?

 NEGATIVE WORD

커서 뭐가 될지 걱정이다.
뭐 하고 싶은 건 없어?

내가 막 코칭을 시작했을 때 초등학교 4학년 남자아이와 대화를 한 적이 있다. 꿈에 대해 묻기 위해 "커서 뭐가 되고 싶어? 꿈이 있어?"라고 내가 묻자 의외의 대답이 돌아왔다.

그 아이는 "또 시작이야."라고 중얼거렸다. "응? 뭐라고?" 내가 다시 묻자 그 아이는 이렇게 말했다.

"왜 어른들은 아이에게 맨날 꿈을 물어봐요? 그런 어른의 꿈은 뭔데요?"

나는 충격을 받았다. 그리고 반성하고, 그 아이에게 사과했다.

"미안해. 내 꿈은 미키마우스가 되는 거였어. 이건 비밀이야."

그러자 그 아이는 "아하하, 정말 어린아이 같은 꿈이네. 나는 유튜버가 되고 싶어." 하고 말했다.

그때 나는 생각했다. 어른이 마음을 열어야 아이도 마음을 연다고. 어른들은 아이에게만 꿈과 희망을 가지라고 강요한다. 하지만 어른도 미래를 위해 성장해야 하는 건 아이와 마찬가지다. 아이뿐만 아니라 어른도 꿈을 이루기 위해 노력해야 한다. 아이는 꿈을 갖고 도전하는 어른에게 매력을 느낀다. 부모가 꿈을 위해 노력하는 모습을 보여줘야 아이도 희망을 가지고 꿈을 찾기 시작할 것이다.

꿈을 물어보는 것을 싫어할 때

아이의 꿈이 아니라 부모의 꿈을 말하자

 ○○는 꿈에 대해 물어보는 거 싫어하지?

엄마가 꿈이 뭐냐고 물으면 기분이 어때? 어떤 카드야?

 이거. 아직 꿈이 없는데 물어보니까

뭐라고 대답해야 할지 모르겠어. 잔소리 같기도 하고.

—— *Point* ——

꿈을 물어볼 때 어떤 기분인지 카드를 선택
하게 해주자. 그러면 왜 그런 기분이 드는지
속마음을 들을 수 있게 된다.

 그렇구나. 엄마가 귀찮게 자꾸 물어봐서 미안해.

그러면 오늘은 ○○의 꿈이 아닌 엄마의 꿈을 말해볼게.

 엄마 꿈? 엄마는 꿈이 뭔데?

 엄마는 언젠가 요리 선생님이 되고 싶어.

 그래? 요리 선생님은 어떻게 되는 거야?

 잘 모르겠어. 하지만 우선은 엄마가 만든 요리를 블로그에

올리거나 요리학원을 다니면서 지금 당장 할 수 있는 것부터

시작해 보려고 해.

 그래?

 꿈을 생각하면 이 카드처럼 가슴이 두근거려.

엄마의 요리 레시피를 다른 엄마들에게 가르쳐주고 싶어.

○○도 두근거리는 일 있어?

○○가 뭐든지 다 할 수 있다면 무엇을 가장 하고 싶어?

 아직 모르겠어. 하지만 나도 엄마처럼 꿈을 찾고 싶어.

자기희생에서 벗어나면 아이도 행복해진다

부모가 자녀를 위해 모든 것을 참고 희생하면 당연히 자녀에게 거는 기대가 커지게 된다. 그러면 자녀도 압박을 받을 것이다. 자기희생에서 벗어나 자신이 하고 싶은 걸 하면 자녀도 행복하고 밝아진다.

정리

자녀의 꿈이 걱정돼도 일단은 질문을 하지 말자. 부모가 먼저 자신의 꿈과 미래에 대해 말하면 자녀도 꿈을 찾으려고 노력할 것이다.

피트인 카드를 즐기는 방법

피트인 카드의 사용 방법은 다양하다. 여기서는 실제로 이 카드를 사용한 사람들의 다양한 아이디어를 소개해 보려 한다.

여럿이 함께 소통하기

CASE 1 **온 가족이**

매일 아침 온 가족이 감정카드를 한 장씩 골라 오늘 하루의 목표를 공유하면 하루를 기분 좋게 보낼 수 있다. 밤에 잠들기 전에 온 가족이 둘러앉아 하루를 돌아보는 시간을 갖는 것도 좋은 방법이다.

엄마	아들	딸	아빠

> 단 3분이라도 온 가족이 모여 오늘 하루 있었던 일을 이야기하고 서로 응원하는 시간을 갖자. 그러면 서로의 사소한 변화도 알 수 있게 된다.

CASE 2 부부끼리

육아나 가사분담 등 꺼내기 힘든 말이 있다면 카드로 대화해 보자. 그러면 집안 분위기가 한결 밝아질 것이다. 이를테면 요리, 청소, 쓰레기 정리 등 집안일할 때 드는 기분을 카드로 표현해 보자.

아빠   엄마

> 하기 싫은 집안일이 있다면 카드를 사용해 얘기해 보자.
> 그러면 집안일에 대한 스트레스가 줄어들고 서로 협력
> 할 수 있게 된다.

CASE 3 형제자매끼리

아이들은 모방의 천재다. 부모가 카드를 사용해 자녀를 코칭하면 그 모습을 따라 하면서 형제끼리도 코칭을 하게 된다. 형제끼리 고민을 털어놓고 문제를 해결하다 보면 서로 끈끈한 우애가 생길 것이다.

아들   딸

> 질문카드를 사용하면 사고력과 어휘력이 자연히 늘어나
> 게 된다.

CASE 4 **친구끼리**

놀이를 하는 느낌으로 서로의 고민을 털어놓거나 질문할 수 있다. 이를테면 테마카드를 엎어놓은 후 한 장씩 뒤집으면서 서로에게 질문을 한다.

딸 · 친구

> 동시에 질문카드를 골라 각자 질문하는 것도 재밌는 방법이다.

CASE 5 **학교 선생님과**

학교 선생님에게 속마음을 숨기는 아이도 있다. 그러면 선생님도 그 아이의 마음을 몰라 답답할 것이다. 선생님에게도 나름대로 아이의 마음을 풀어주는 좋은 방법이 있겠지만, 조용한 교실에 아이와 단둘이 앉아 카드로 대화하면 아이의 마음을 보다 쉽게 풀어줄 수 있다.

아들 · 선생님

> 가족들과는 즐겁게 대화하지만 학교에서는 대화를 어려워하는 내성적인 아이도 있다. 이럴 때는 선생님과 카드를 가지고 대화하는 방법을 추천한다.

나 자신과 대화하기

고민 해결! 카드를 넘기면서 셀프 코칭을

다이어트, 운동부족, 불규칙한 생활습관, 방청소. 누구에게나 이런 작은 고민은 있을 것이다. 이렇게 작은 고민이 있을 때는 질문카드가 매우 효과적이다. 질문카드는 코칭 현장에서 자주 사용하는 질문 20가지를 모아놓은 카드다. 평소와 다른 시각으로 자문자답할 수 있기 때문에 새로운 아이디어가 나오고 해결책이 보일 것이다.

자신과 마주하는 시간을 갖길 바란다. 틈새 시간을 공략하는 것도 하나의 방법이다!

1
머릿속에 있는 작은 고민 하나를 떠올린다.

2
질문카드를 넘기면서 자문자답한다.

3
질문에 답이 떠오르지 않으면 다음 질문으로 넘어간다.

CASE 2 **아침에 일어나 하루의 테마 정하기**

아침에 일어나 3분 동안 감정카드로 오늘 하루의 테마(기분)를
정하고, 그 기분이 되기 위한 방법을 생각하자. 이를테면 미뤄놨
던 옷장 정리나 나만의 휴식시간을 실천하면서 하루를 충실하
게 보낸 느낌을 맛보자!

①

아침에 오늘 하루 어떤
기분으로 보낼지 자신
에게 물어본다.

②

그 기분에 맞는 감정카
드를 고른다.

③

그 기분을 유지하려고
노력하면서 하루를 보
낸다.

오늘 자신이 정한 기분을 잊지 않기 위해 핸드
폰으로 감정카드의 사진을 찍거나, SNS에 카드
사진을 올려도 좋을 것이다!

CASE 3 **잠자리에 들기 전 오늘 하루를 되돌아보기**

오늘 하루 있었던 일을 되돌아보고 내일의 목표를 생각하면 하
루의 밀도가 높아진다. 그리고 나아가 일 년이 꽤 충실해진다.

하루, 일 년의 밀도를 높이기 위해서도 감정카드를 사용해 오늘 하루를 되돌아보자.

①

아침에 정한 기분대로 하루를 보냈는지 확인한다.(※아침에 카드를 고르지 못한 경우에는 '오늘은 어떤 하루였는지' 지금 기분에 맞는 카드를 골라보자.)

②

아침에 정한 기분대로 되지 않았다면 그 요인을 찾아보고, 오늘 하루를 정리하면서 잊지 않도록 메모해 둔다.

아침에 정한 기분대로 되지 않아도 하루 중에 좋았던 일은 반드시 있을 것이다! 그 좋았던 일을 찾아보자!

맺으며

지금까지 마법의 피트인 카드를 소개했는데,
어땠나요?

피트인 카드를 사용하면서 자녀와 행복한 웃음이 끊이지 않게 되었다고 많은 가족들이 말해주었습니다. 또 '피트인 카드는 마음의 충전'이라고 말해준 가족도 있었습니다.

마지막으로 내가 코칭을 시작한 계기에 대해 이야기할까 합니다.

나에게는 S라는 친구가 있었습니다. 초등학교 때 같은 반 친구로, 어른이 되어서도 꼭 친구로 지내자고 약속한 사이였습니다. 초등학교 3학년 때 S는 전학을 갔고, 우리는 얼마 동안 편지를 주고받았습니다. 그러나 어느 순간부터 그에게서 편지가 오지 않았습니다. 나는 걱정스러운 마음에 S의 집에 전화를 걸었습니다. 그의 부모님은 S가 전학 간 학교에서 따돌림을 당해 자살을 했다고 전해주었습니다. 그 말을 들은 나는 너무나 충격을 받아 그 자리에 주저앉고 말았습니다.

'앞으로 두 번 다시는 그런 슬픈 일이 일어나서는 안 돼.'

이렇게 생각한 나는 아이들의 마음의 소리를 듣는, 아이도 어른도 행복해지는 '코칭'에 대해 공부하게 되었습니다. 그 후 일반사단법인 일본자녀코칭협회를 만들었습니다.

'따돌림, 자살이라는 사회문제를 해결하고 싶다', '아이도 어른도 마음 편히 쉴 수 있는 곳을 만들고 싶다' 이것이 내가 천국에 있는 친구 S와 함께 이루고 싶은 꿈입니다.

아이를 키우다 보면 '공부를 잘했으면 좋겠다', '운동을 잘했으면 좋겠다' 등 자녀에게 거는 기대가 커지기 마련입니다. 그러나 공부나 운동보다 더 중요한 게 있습니다. 그것은 바로 '우리 아이의 행복'입니다.

나도 부모님이 보내주신 애정과 따뜻한 말 한마디 덕분에 지금과 같이 성장했습니다. 이 책과 피트인 카드가 여러분에게도 그런 수단이 되었으면 합니다.

이 책의 집필에 힘써준 모든 분들께 감사 인사를 드립니다. 그중에서도 READY FOR 주식회사와 피트인 카드 제작을 지원해 준 200명이 넘는 여러분께 감사하다는 말을 꼭 전하고 싶습니다.

카드의 일러스트를 그려준 도모코 씨, 작가 호키바라 료코 씨, 편집의 가와이 미와 씨에게 진심으로 감사 인사를 드립니다. 그리고 일본자녀코칭협회의 코치분들에게도 감사의 말을 꼭 전하고 싶습니다. 또한 아내 마이코에게 존경과 감사를 전합니다.

마지막으로 이 말을 남기고 싶습니다.

"우리의 인생은 바로 지금부터 시작된다!"

하라 준이치로

아이의 속마음이
한눈에 보이는
마법의 카드

초판 1쇄 인쇄 2020년 4월 29일
초판 1쇄 발행 2020년 5월 6일

지은이　　하라 준이치로
펴낸이　　이희철
옮긴이　　권혜미
기획편집　김정연
북디자인　디자인홍시
펴낸곳　　책이있는풍경

등록　　제313-2004-00243호(2004년 10월 19일)
주소　　서울시 마포구 월드컵로31길 62(망원동, 1층)
전화　　02-394-7830(대)
팩스　　02-394-7832
이메일　chekpoong@naver.com
홈페이지　www.chaekpung.com

ISBN　　979-11-88041-30-5 03590

이 도서의 국립중앙도서관 출판시도서목록(CIP)은 서지정보유통지원시스템 홈페이지(http://
seoji.nl.go.kr)와 국가자료공동목록시스템(http://www.nl.go.kr/kolisnet)에서 이용하실 수
있습니다. (CIP제어번호 : CIP2020013103)

아들러 심리학을 기초로 개발한 '피트인 카드'

∨ 아이의 숨겨진 고민을 깔끔하게 해결할 수 있다.

∨ 아이의 속마음을 알게 된다.

∨ 아이가 자신감을 가지게 되고 목표도 명확해진다.

∨ 아이들끼리 스스로 문제를 해결할 수 있게 된다.

"아이가 대화를 하고 싶어하고, 자기 마음을 스스로 표현해요"

피트인 카드를 사용하면서 내 생각을 쉽게 말할 수 있게 됐어요.

9세 남아

"학교? 뭐…… 재밌었어."라고만 대답하던 아들이
학교생활을 이야기하면서 문제점과 해결방법을 스스로 찾기 시작했습니다.

10세 남아 아빠

아이가 직접 상자에서 카드를 꺼내어 자신의 감정을 보여주기 시작했어요.
우리 집에서 피트인 카드는 감정을 보여주는 공통 언어가 되었습니다.

6세 여아 엄마

감정이 격해지면 울면서 떼쓰던 아들이 조금씩 감정을
말로 표현하기 시작했습니다.

6세 남아 엄마, 아빠

03590

9 791188 041305

ISBN 979-11-88041-30-5

값 14,000원

마법의
피트인 카드

PIT IN CARD

53장 카드 첨부

PIT IN CARD

PIT IN CARD

감정

감정

PIT IN CARD

PIT IN CARD

감정

감정

PIT IN CARD

PIT IN CARD

감정

감정

PIT IN CARD

PIT IN CARD

감정

감정

PIT IN CARD

PIT IN CARD

감정

감정

PIT IN CARD

PIT IN CARD

감정

감정

PIT IN CARD

감정

PIT IN CARD

감정

PIT IN CARD

감정

PIT IN CARD

감정

PIT IN CARD

PIT IN CARD

감정

감정

PIT IN CARD

PIT IN CARD

감정

감정

PIT IN CARD

PIT IN CARD

감정

감정

PIT IN CARD

PIT IN CARD

나만의 카드를 만들어보자!

감정

1

사실은
어떻게 하고
싶었어?

2

모든 걸 다
할 수 있다면
무엇을
하고 싶어?

3

○○이라고
말한 이유는?

4

만약 그때로
돌아간다면
어떻게 하고 싶어?

PIT IN CARD

PIT IN CARD

질문

질문

PIT IN CARD

PIT IN CARD

질문

질문

5

누가
힘이 되어주면
좋겠어?

6

하고 싶어?
할 수 있겠어?
그렇다면 어떻게
해야 할까?

7

또 어떤
아이디어가
있을까?

8

또?

PIT IN CARD

PIT IN CARD

질문

질문

PIT IN CARD

PIT IN CARD

질문

질문

9

그것을 위해
먼저 무엇을
하고 싶어?

10

그때 기분이 어땠어?
또 그렇게 되면
기분이 어떨 것 같아?

11

무슨 일이
있었는지
알려줄래?

12

그렇게 안 하면
어떻게 될까?

PIT IN CARD

PIT IN CARD

질문

질문

PIT IN CARD

PIT IN CARD

질문

질문

13

기적이 일어나
걱정했던 일이 모두
사라진다면 내일은
무엇을 하고 싶어?

14

10점 만점 중
몇 점이야?

15

왜?

16

네가 꿈을 이뤘다면
뭐라고
조언하고 싶어?

PIT IN CARD

PIT IN CARD

질문

질문

PIT IN CARD

PIT IN CARD

질문

질문

— 17 —
여기서
중요한 것을
말해줄래?

— 18 —
그 사람은 뭐라고
조언해 줄까?

— 19 —
잘돼서
무엇이 좋았어?

— 20 —
다음에는 어떻게
하고 싶어?

PIT IN CARD

PIT IN CARD

질문

질문

PIT IN CARD

PIT IN CARD

질문

질문

— 1 —
말하지 못한 고민

— 2 —
공부

— 3 —
학교생활

— 4 —
꿈

PIT IN CARD

PIT IN CARD

테마

테마

PIT IN CARD

PIT IN CARD

테마

테마

— 5 —
가족관계

— 6 —
성격

— 7 —
학원

— 8 —
이성친구

PIT IN CARD

PIT IN CARD

테마

테마

PIT IN CARD

PIT IN CARD

테마

테마

— 9 —
잘하고 싶은 것

— 10 —
그 밖에

PIT IN CARD

PIT IN CARD

테마

테마

PIT IN CARD

PIT IN CARD

나만의 카드를 만들어보자!

나만의 카드를 만들어보자!